AF877173

Martin Lösch

# Betrachtungen zum Leistungsverhalten parallelgestufter Trägerraketen

2., unveränderte Auflage

utzverlag

**Luft- und Raumfahrt**

Band 4

Zugl.: Diss.,

Bibliografische Information der Deutschen Nationalbibliothek:
Die Deutsche Nationalbibliothek verzeichnet diese Publikation in der Deutschen Nationalbibliografie; detaillierte bibliografische Daten sind im Internet über http://dnb.d-nb.de abrufbar.

Dieses Werk ist urheberrechtlich geschützt.
Die dadurch begründeten Rechte, insbesondere die der Übersetzung, des Nachdrucks, der Entnahme von Abbildungen, der Wiedergabe auf fotomechanischem oder ähnlichem Wege und der Speicherung in Datenverarbeitungsanlagen bleiben – auch bei nur auszugsweiser Verwendung – vorbehalten.

Titelabbildung: pixabay.com | qimono | 1756274

2., unveränderte Auflage
frühere Ausgabe: ISBN 978-3-9803925-6-3

Copyright © Martin Lösch

ISBN 978-3-8316-8359-8

Printed in EU
utzverlag GmbH, München
www.utzverlag.de

Lehrstuhl für Raumfahrttechnik
Technische Universität München

# Betrachtungen zum Leistungsverhalten parallelgestufter Trägerraketen

Martin Lösch

Vollständiger Abdruck der von der Fakultät für Maschinenwesen der Technischen Universität München zur Erlangung des akademischen Grades eines

Doktor - Ingenieurs

genehmigten Dissertation.

| | |
|---|---|
| Vorsitzender: | Univ.-Prof. Dr.-Ing. G. Sachs |
| Prüfer der Dissertation: | 1. Univ.-Prof. Dr.-Ing. H.O. Ruppe |
| | 2. apl. Univ.-Prof. Dr.-Ing. habil. O. Wagner |

Die Dissertation wurde am 29.6.1994 bei der Technischen Universität München eingereicht und durch die Fakultät für Maschinenwesen am 6.2.1995 angenommen.

# Vorwort

Die vorliegende Arbeit entstand während meiner Tätigkeit als wissenschaftlicher Mitarbeiter im Rahmen des von der DFG geförderten Sonderforschungsbereiches 255 „Transatmosphärische Flugsysteme“ am Lehrstuhl für Raumfahrttechnik der Technischen Universität München.

Mein herzlicher Dank gilt dem Lehrstuhlinhaber, Herrn Professor Dr.-Ing. Harry O. Ruppe, der diese Arbeit anregte, förderte und betreute. In den vielen Gesprächen und Diskussionen verstand er es, auch komplexe Zusammenhänge einfach und nachvollziehbar zu vermitteln und so mein Wissen auf dem Gebiet der Raumfahrttechnik zu erweitern.

Herrn Professor Dr.-Ing., Dr.-Ing. habil. Otto Wagner vom Lehrstuhl für Flugmechanik und Flugregelung der Technischen Universität München danke ich sehr für die Bereitschaft, die Arbeit trotz seiner vielfältigen anderweitigen Aufgaben zu prüfen.

Herrn Professor Dr.-Ing. Robert Schmucker danke ich für die Einladung zu fachlichen Diskussionen sowie für das Interesse, das er meiner Arbeit entgegenbrachte.

Danken möchte ich zuletzt auch meinen Kollegen für das freundliche und kooperative Arbeitsklima.

# Inhaltsverzeichnis

# 1 Einleitung und Übersicht

Die Einbeziehung der Nutzungsmöglichkeiten des erdnahen Weltraums in das tägliche Leben schreitet ständig voran. Allem voran soll beispielhaft der Einsatz von Nachrichten- und Wettersatelliten genannt werden. Die notwendige Transportaufgabe wird von Trägersystemen erbracht, deren Grundkonzeptionen oftmals bereits vor Jahrzehnten erstellt wurden. Der anhaltende Trend der weiteren Erhöhung des Nutzlastbedarfs sowie die zunehmende Forderung nach wirtschaftlicheren Transportsystemen führen weltweit zu Aktivitäten auf dem Gebiet neuer Trägerentwürfe. Hierbei werden insbesondere in jüngerer Zeit verstärkt die technologische Machbarkeit und Wirtschaftlichkeit flugzeughafter Systeme mit luftatmenden Antriebssystemen untersucht. Die dabei zu erwartenden hohen Entwicklungskosten lassen auch eine Fortführung der Arbeiten auf dem Gebiet der konventionellen Systeme mit Raketenantrieb attraktiv erscheinen.

Die grundsätzliche Leistungsfähigkeit eines Raketensystems wird über die Ziolkowsky-Gleichung durch den spezifischen Impuls der Triebwerke sowie die Start- und Brennschlußmassen bestimmt, wogegen die im Flug auftretenden Verluste einen sekundären Einfluß besitzen. Während bei der Triebwerksauslegung der Weg zu leistungsfähigen Triebwerken klar vorgegeben ist, ergeben sich bei mehrstufigen Trägersystemen vielfältige Möglichkeiten der Stufung [1]. Die damit eng verknüpfte Abhängigkeit der Start- und Brennschlußmassen beeinflußt die Leistungsfähigkeit des Trägers. Die Stufungsmöglichkeiten reichen dabei von der grundsätzlichen Anordnung und dem Betrieb der Stufen in einer Parallel- oder Tandemanordnung über eine Tank- bis hin zur Triebwerksstufung [2]. Jede dieser Varianten besitzt ihre Vor- und Nachteile, wobei die Abtrennung einer kompletten Stufe aus Leistungsgesichtspunkten die beste Möglichkeit darstellt. Ein Abweichen von dieser Strategie kann jedoch durch eine Einführung weiterer Randbedingungen sinnvoll erscheinen. Die beim SPACE SHUTTLE vorliegende Tankstufung wurde aus wirtschaftlichen Gesichtspunkten gewählt, um die teuren Triebwerke nicht zu verlieren, sondern nach einer Überholung bei weiteren Missionen einsetzen zu können. Weitere Randbedingungen können im Zwang zur Weiterverwendung vorhandener Subsysteme oder ganzer Stufen existieren. Als

Beispiel sei hier die Evolution der ARIANE-Trägerfamilie genannt, die sich durch schrittweise Weiterentwicklung trotz jeweils suboptimaler Auslegung zum leistungsfähigen Trägersystem vom Typ ARIANE 4 entwickelt hat. Erst mit ARIANE 5 wurde auf europäischer Seite der Schritt zu einem völlig neuen Trägersystem getan, obwohl zu Beginn der Planungsphase Entwürfe zu einer Fortführung der erfolgreichen Evolution vorlagen. Eine ähnliche Weiterentwicklungstendenz ist auch weltweit zu registrieren, betrachtet man die meisten der heute so erfolgreichen Raumtransportsysteme, die aus ursprünglich militärischen Trägern erfolgreich adaptiert wurden. Als Beispiel sei hier das amerikanische TITAN 3-System genannt.

Neben den Betrachtungen zur Modifikation bewährter Systeme existieren viele Untersuchungen, die sich mit der grundsätzlichen Neukonstruktion eines Trägers beschäftigen. Unter dem Zwang der wirtschaftlichen Verbesserungen taucht dabei oftmals die Idee einer Wiederverwendung des gesamten Systems oder auch nur einzelner Komponenten auf ([3] - [5]), obwohl die Antwort auf die Frage nach einer Transportkostenreduzierung durch mehrfache Verwendung des Trägersystems noch aussteht.

Bei einer Betrachtung der im Einsatz oder an der Schwelle dazu befindlichen Trägersysteme fällt ein Konzept – parallelgestufte Systeme mit flüssigem Treibstoff in der Zentralstufe und großen Feststoffmotoren – verstärkt auf. Mit Ausnahme der TITAN, bei der mittelenergetische Treibstoffe in der Zentralstufe zum Einsatz kommen, führen alle anderen (SPACE SHUTTLE, H-II und ARIANE 5) die hochenergetische Treibstoffkombination $LO_2/LH_2$ mit sich. Dieser Trend scheint unter gegebenen wirtschaftlichen Aspekten durch die Verwendung der relativ billigen Feststoffmotoren ein Optimum darzustellen. Die mangelhafte Umweltverträglichkeit dieser Antriebsart läßt Überlegungen aufkommen, die Feststoffbooster durch mit flüssigen Treibstoffen angetriebene Stufen zu ersetzen [6].

Die angesprochene Problematik stellt den Hintergrund zur vorliegenden Betrachtung dar. Zielsetzung ist dabei eine Betrachtung der grundsätzlichen Möglichkeiten einer Parallelstufung unter Berücksichtigung fester und flüssiger Treibstoffe in den Boosterstufen. Dies beinhaltet eine Zündung des Zentralstufentriebwerks in höheren Atmosphärenschichten, wodurch als Vorteil eine optimalere Anpassung der Düse an die gesamte Betriebszeit ermöglicht wird, als Nachteil jedoch der Startschub sinkt und damit die maximale Treibstoffzuladung geringer ausfällt. Eine vielversprechende Möglichkeit zur Erhöhung der Nutzlastkapazität stellt eine 2-Positionsdüse dar, deren Primärteil an die Umgebungsbedingungen im Bodenbetrieb angepaßt ist und durch eine ausfahrbare Düsenerweiterung auch dem Einsatz in dünneren Atmosphärenschichten optimal gerecht wird. Eine weitere potentielle Möglichkeit zur Nutzlaststeigerung bei gegebenen Startmassen besteht in der Förderung des Treibstoffs für das Zentralstufentriebwerk aus den Tanks der Boosterstufen.

Eine sich anschließende Gegenüberstellung der Resultate aus den Untersuchungen der parallelgestuften Varianten mit Tandemstufern konventioneller Bauart zeigt die grundsätzlichen Vor- und Nachteile der jeweiligen Konzeptionen auf. Neben der reinen Leistungsbetrachtung werden auch die spezifischen Transportkosten diskutiert, die in Zukunft verstärkt in eine Bewertung einbezogen werden müssen. Ein Vergleich von Parallel- und Tandemstufern mit einstufigen Trägersystemen, die von einigen Mitgliedern der Raumfahrtgemeinde als das Transportsystem auch der nahen Zukunft gesehen werden, rundet die Thematik ab.

Für eine belastbare Untersuchung ist neben der optimalen Ermittlung der Transportleistungen unter gegebenen Randbedingungen eine besonders sorgfältige Modellierung der betrachteten Systeme erforderlich. Die dazu erarbeiteten Massenmodelle für Struktur und Triebwerk sowie ein Modell zur Leistungsabschätzung von Raketentriebwerken bilden die Basis der durchgeführten Untersuchungen.

# 2 Leistungsmodellierung von Raketentriebwerken

Grundsätzlich sind zum Antrieb von Trägersystemen unterschiedliche Raketentriebwerkskonzepte möglich und auch in der Praxis verwirklicht worden (Flüssigkeits-, Feststoff- oder Hybridantriebe). Im Rahmen dieser Arbeit erfolgte bei der Modellierung von Triebwerken eine Beschränkung auf die Flüssigkeitsraketenantriebe, da sie in absehbarer Zeit das Kernstück eines Trägersystems mit der Aufgabe eines Nutzlasttransportes in einen Erdorbit bleiben werden, auch wenn ein gemischter Antrieb durch Starthilfsraketen in Form von Feststoffboostern eine brauchbare Möglichkeit darstellt. Jedoch sind die Leistungsdaten von Feststoffraketen etwas einfacher abzuschätzen, insbesondere da hier Sonderbauweisen wie beispielsweise 2-Positionsdüsen noch keine Anwendung gefunden haben, was durch die primäre Aufgabe einer Schuberhöhung beim Start auch keine zweckmäßige Lösung darstellen würde.

Entsprechend der Raketengrundgleichung von Ziolkowsky [7]

$$v_{id} = c_{eff} \ln\left(\frac{m_0}{m_{BS}}\right) \tag{2.1}$$

stellt neben der Start- und Brennschlußmasse $m_0$ und $m_{BS}$ des Trägersystems die effektive Ausströmgeschwindigkeit $c_{eff}$ und damit der spezifische Impuls von Raketenantrieben ein wichtiges Kriterium für die Leistungsfähigkeit eines Trägersystems dar. Durch ihn lassen sich Erkenntnisse über die Güte von Triebwerken und die Ausnutzung der verwendeten Treibstoffe gewinnen.

## 2.1 Triebwerksschub

Entscheidend für die Leistungsstärke eines Triebwerkes ist der erbrachte Schub unter der Nebenbedingung, das im Treibstoff enthaltene Leistungspotential optimal auszunutzen. Er ist definiert mit dem Massendurchsatz $\dot{m}$ und dem spezifischen Impuls $I_{sp}$ als

$$F = \dot{m} I_{sp} g_0 . \tag{2.2}$$

Dieser Zusammenhang muß für eine Betrachtung von Haupt- und Nebenstromtriebwerken erweitert werden. Um insbesondere Nebenstromtriebwerke mit Regenerativ- und Dumpkühlung mit in das Entwurfsverfahren einbeziehen zu können, müssen die Beiträge der Gasgenerator- und gegebenenfalls Dumpkühlungsmassenströme in der Schubbilanz berücksichtigt werden. Zudem werden in Gl. (2.2) die Hilfsmassenströme nicht berücksichtigt, die dem Triebwerksmassenstrom an verschiedenen Stellen im Triebwerkszyklus abgezapft werden und der Lagerschmierung und Versorgung von Steuerventilen dienen oder durch Undichtigkeiten verloren gehen.

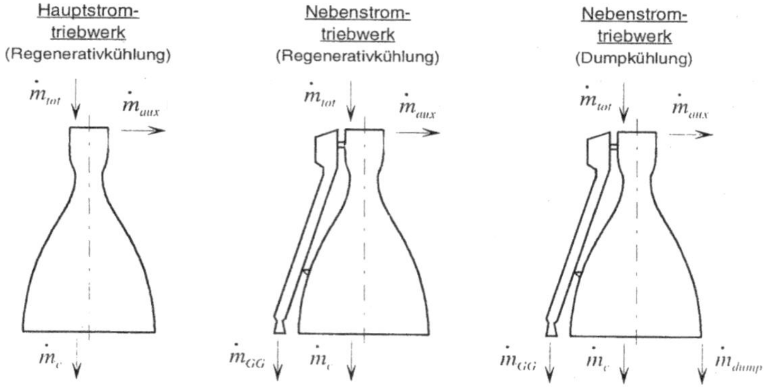


Abb. 2.1: Massenströme der modellierten Triebwerkszyklen

Im Verlauf der weiteren Betrachtungen erstreckt sich die Gültigkeit der angegebenen Zusammenhänge auf Haupt- und Nebenstromtriebwerke, wobei die jeweils nicht vorhandenen Bestandteile zu null gesetzt werden müssen. Der gesamte Triebwerksmassenstrom $\dot{m}_{tot}$ ergibt sich gemäß Abb. 2.1 aus Brennkammermassenstrom $\dot{m}_c$, Gasgeneratormassenstrom $\dot{m}_{GG}$, Dumpkühlungsmassenstrom $\dot{m}_{dump}$ und Hilfsgerätemassenstrom $\dot{m}_{aux}$ zu

$$\dot{m}_{tot} = \dot{m}_c + \dot{m}_{GG} + \dot{m}_{dump} + \dot{m}_{aux} . \tag{2.3}$$

Mit Ausnahme des Hilfsgerätemassenstroms, der dem Treibstoffkreislauf nicht mehr zugeführt wird und ungenutzt verloren geht, tragen die übrigen Komponenten mit ihren jeweiligen spezifischen Impulsen zum Gesamtschub des Triebwerks bei. Damit läßt sich der spezifische Impuls des Gesamttriebwerks darstellen als

$$I_{sp,tot} = \frac{\sum F}{\sum \dot{m} g_0} = \frac{F_c + F_{GG} + F_{dump}}{\left(\dot{m}_c + \dot{m}_{GG} + \dot{m}_{dump} + \dot{m}_{aux}\right) g_0}, \tag{2.4}$$

woraus sich der Gesamtschub des Triebwerks zu

$$\begin{aligned} F_{tot} &= F_c + F_{GG} + F_{dump} \\ &= I_{sp,tot}\, g_0\, \dot{m}_{tot} \end{aligned} \tag{2.5}$$

ergibt.

## 2.2 Spezifischer Impuls

Wie bei jedem technischen Prozeß treten auch bei Raketentriebwerken Verluste auf, die eine ideale Ausnutzung der in den Treibstoffen gebundenen Energie verhindern. In erster Linie sind dies Wärme-, Kinetik-, Divergenz-, Grenzschicht- sowie Energiefreisetzungsverluste. Diese Verluste sind in erster Linie dafür verantwortlich, daß der in der Praxis erreichbare spezifische Impuls eines Raketentriebwerks sich von der theoretisch aus Treibstoffrechnungen ergebenden Leistungsfähigkeit unterscheidet. Grundlage der Leistungsabschätzung bildet ein Näherungsverfahren, bei dem die auftretenden Verluste anhand von Vergleichsdaten über relativ einfache analytische Ansätze abgeschätzt werden.

Für den spezifischen Vakuum- bzw. Bodenimpuls gilt nach [8]

$$I_{sp,vac,pred} = I_{sp,vac,ODE}\,\eta_{hl}\,\eta_{grenz}\,\eta_{div}\,\eta_{comb} \tag{2.6a}$$

$$I_{sp,SL,pred} = I_{sp,vac.ODE}\eta_{hl}\eta_{grenz}\eta_{div}\eta_{comb} - \frac{c^*\varepsilon_d}{g_0}\frac{p_\infty}{p_c}. \tag{2.6b}$$

In diesen Beziehungen bedeuten:

| | |
|---|---|
| $I_{sp,vac,ODE}$ | verlustfrei ideal erreichbarer spezifischer Vakuumimpuls [s] |
| $\eta_{hl}$ | Wärmeübergangswirkungsgrad [-] |
| $\eta_{grenz}$ | Grenzschichtwirkungsgrad [-] |
| $\eta_{div}$ | Divergenzwirkungsgrad [-] |
| $\eta_{comb}$ | Verbrennungswirkungsgrad [-] |
| $c^*$ | charakteristische Geschwindigkeit [m/s] |
| $\varepsilon_d$ | Öffnungsverhältnis der Düse [-] |
| $p_\infty$ | Außendruck [bar] |
| $p_c$ | Brennkammerdruck [bar] |

Während des Betriebs eines Triebwerks wird die über die Brennkammerwand abgegebene Wärme der Grenzschicht entzogen und vom zur Kühlung verwendeten Treibstoff aufgenommen. Dies steigert auf der einen Seite zwar den spezifischen Impuls, andererseits aber erhöhen sich dadurch die Grenzschichtverluste. Es kann zugrundegelegt werden, daß sich diese beiden Effekte in etwa ausgleichen [8], so daß für den Wärmewirkungsgrad gilt

$$\eta_{hl} \approx 1. \tag{2.7}$$

Diese Annahme gilt streng genommen nur für Triebwerke mit regenerativ- bzw. strahlungsgekühlter Düse, da nur in diesen Fällen der gesamte zur Kühlung herangezogene Treibstoff dem Triebwerkszyklus wieder zugeführt wird. Die Gültigkeit kann als Näherung auch auf Triebwerke mit dumpgekühlter Düse erweitert werden, wobei sich jedoch in diesem Fall die Zusammenhänge als etwas komplexer darstellen: Der erwärmte Dumpkühlungsmassenstrom geht dem Triebwerkszyklus zwar einerseits verloren, durch die Energieaufnahme erhöht sich aber auf der anderen Seite der spezifische Impuls des Dumpkühlungsmassenstroms.

Für den Grenzschichtwirkungsgrad ergibt sich nach [8]

$$\eta_{grenz} = \left(1 - \frac{0{,}27\varepsilon_d^{0.14}}{\mathrm{Re}_t^{0.2}}\right) \tag{2.8}$$

mit der auf den Düsenhals bezogenen Reynoldszahl

$$\mathrm{Re}_t = \frac{p_c d_t}{c^* \mu}. \tag{2.9}$$

Darin bedeuten $p_c$ den Brennkammerdruck, $d_t$ den Düsenhalsdurchmesser, $c^*$ die charakteristische Geschwindigkeit sowie $\mu$ die dynamische Viskosität im Düsenhals.

Somit lassen sich die Gleichungen Gl. (2.6a) und Gl. (2.6b) auch darstellen als

$$I_{sp,vac,pred} = I_{sp,vac.ODE}\left(1 - \frac{0{,}27}{\mathrm{Re}_t^{0,2}}\varepsilon_d^{0,14}\right)\eta_{div}\eta_{comb} \tag{2.10a}$$

$$I_{sp,SL,pred} = I_{sp,vac.ODE}\left(1 - \frac{0{,}27}{\mathrm{Re}_t^{0,2}}\varepsilon_d^{0,14}\right)\eta_{div}\eta_{comb} - \frac{c^*\varepsilon_d}{g_0}\frac{p_\infty}{p_c} \tag{2.10b}$$

wobei sich die Gültigkeit auf den Brennkammermassenstrom beschränkt. Wie aus Abb. 2.1 ersichtlich, tragen jedoch gegebenenfalls Gasgenerator- und Dumpmassenstrom zum Gesamtimpuls des Triebwerks bei. Weiterhin muß auch der Hilfsmassenstrom, berücksichtigt werden, so daß Gl. (2.5) in der Form

$$F_{tot} = \left(\dot{m}_c I_{sp,c} + \dot{m}_{GG} I_{sp,GG} + \dot{m}_{dump} I_{sp,dump}\right) g_0 \tag{2.11}$$

geschrieben werden kann. Damit ergibt sich der gesamtspezifische Impuls des Triebwerks zu

$$I_{sp,tot} = \frac{\dot{m}_c I_{sp,c}}{\dot{m}_{tot}} + \frac{\dot{m}_{GG} I_{sp,GG}}{\dot{m}_{tot}} + \frac{\dot{m}_{dump} I_{sp,dump}}{\dot{m}_{tot}}, \tag{2.12}$$

wobei durch den Bezug auf den totalen Massenstrom $\dot{m}_{tot}$ der keinen Beitrag zum Gesamtimpuls liefernde Hilfsgerätemassenstrom $\dot{m}_{aux}$ berücksichtigt wird.

Der spezifische Impuls der Brennkammer ergibt sich für Boden- und Vakuumbetrieb nach Gl. (2.10a) und Gl. (2.10b); gemäß der Betriebsverhältnisse sind auch für den Gasgenerator- und Dumpkühlungsimpuls entsprechende Werte einzusetzen [9]. Der

Zusammenhang nach Gl. (2.10b) gilt entsprechend für jede Betriebshöhe eines Triebwerks.

## 2.2.1 Ideale Leistungsgrößen

### 2.2.1.1 Vakuumimpuls

Die Basis der Leistungsermittlung eines Triebwerks nach der hier vorgestellten Näherungsmethode bildet der ideal erreichbare spezifische Impuls. Dieser besitzt eine starke Abhängigkeit vom Flächenverhältnis der Düse, aber auch das Mischungsverhältnis der Treibstoffkombinationen und der Brennkammerdruck zeigen einen deutlichen Einfluß. Die Werte des jeweiligen idealen Impulses werden über Treibstoffleistungsrechnungen [10] ermittelt, wobei die charakterisierenden Stoffeigenschaften [11] entnommen werden.

### 2.2.1.2 Bodenimpuls

Für Triebwerke, deren Einsatzbereich nicht nur im Vakuum liegt, haben nach Gl. (2.10) über die Reynoldszahl auch die charakteristische Geschwindigkeit $c^*$, der Düsenhalsdurchmesser $d_t$ sowie die dynamische Viskosität $\mu$ einen Einfluß auf den spezifischen Bodenimpuls.

Die charakteristische Geschwindigkeit $c^*$ beschreibt den Verbrennungsvorgang in der Brennkammer und ist mit der universellen Gaskonstante $R_0$ definiert als

$$c^* = \frac{\sqrt{\left(\frac{R_0 T_c}{m_{mol}}\right)}}{\sqrt{\kappa}\left(\frac{2}{\kappa+1}\right)^{\frac{\kappa+1}{2(\kappa-1)}}} . \tag{2.13}$$

Durch die Abhängigkeit von der Brennkammertemperatur $T_c$, der molaren Masse $m_{mol}$ sowie des Isentropenexponenten $\kappa$ sind die Werte der charakteristischen Geschwindigkeit stark vom Treibstoffgemisch und den Brennkammerbedingungen abhängig. Die charakteristischen Geschwindigkeiten sowie die dynamischen Viskositäten lassen sich über die Treibstoffleistungsrechnungen [10] bestimmen.

Über die Definition der charakteristischen Geschwindigkeit

$$c^* = \frac{p_c A_t}{\dot{m}} \tag{2.14}$$

läßt sich der zur Bestimmung des Öffnungsverhältnisses erforderliche Düsenhalsdurchmesser $d_t$ darstellen als

$$d_t = \sqrt{\frac{4c^* \dot{m}_c}{p_c \pi}} \,. \tag{2.15}$$

Für eine Triebwerksauslegung mit Hinblick auf einen Bodenbetrieb ist es erforderlich, das Flächenverhältnis der Düse kritisch zu untersuchen, da es bei zu großen Öffnungsverhältnissen zu Strömungsablösungen kommen kann, welche die Düse mechanisch zu sehr belasten würden. Dazu sind Kenntnisse über die am Düsenende herrschenden Druckverhältnisse unerläßlich. Neben den Datensätzen für den idealen spezifischen Impuls ergeben sich auch die Werte des mittleren Düsenenddrucks aus den Treibstoffleistungsrechnungen [10].

Bei einer Betrachtung des Düsenenddrucks hinsichtlich des Summerfield-Kriteriums [12] (Strömungsablösung an der Düsenwand) ist zu beachten, daß durch die Krümmung der Düsenkontur einer Glockendüse entlang der Düsenwand eine Strömungsumlenkung erzwungen wird. Der höhere Düsenwanddruck wird über einen Korrekturfaktor berücksichtigt, der sich zu 1,65 ergibt [13]. Das Summerfield-Kriterium ist als das Verhältnis von Düsenend- zu Umgebungsdruck definiert und besitzt für Glockendüsen einen Wert von 0,29 [7].

### 2.2.2 Triebwerksmassenströme

Der Gasgeneratormassenstrom läßt sich über die notwendige Leistungsaufnahme der Turbopumpen $P_{Tur}$ und der Enthalpiedifferenz im Gasgenerator $\Delta h_{GG}$ zu

$$\dot{m}_{GG} = \frac{P_{Tur}}{\Delta h_{GG}} \tag{2.16}$$

bestimmen, wobei an dieser Stelle für eine weitergehende Betrachtung auf [14] verwiesen werden soll.

Bei einer aktiven Kühlungsmethode der Düse wird ein Teil des Brennstoffmassenstroms durch die Wandungen der Düse geleitet, um die aufgenommene Wärme abzuführen. Beim Vorliegen einer regenerativen Kühlung wird dieser Massenstrom dem Brennkammermassenstrom wieder zugeführt, bei einer Dumpkühlung geht er durch Öffnungen am Düsenende verloren und trägt nur mit einem geringen Anteil zum gesamtspezifischen Impuls des Triebwerks bei. Die statistischen Ansätze zur Bestimmung von Dumpkühlungs- und Hilfsgerätemassenstrom zeigt Abb. 2.2.

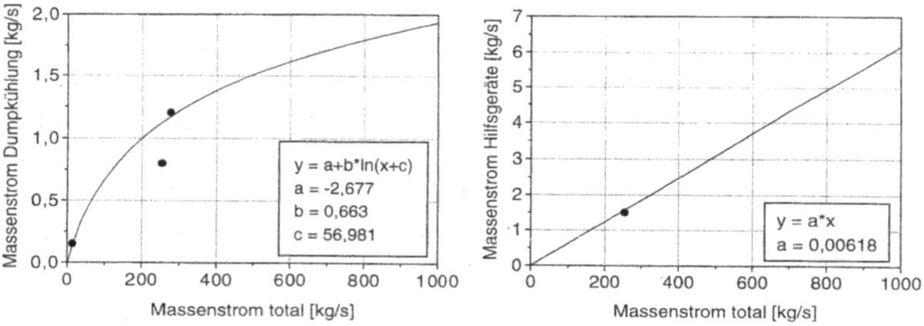


Abb. 2.2: Dumpkühlungs- sowie Hilfsgerätemassenstrom über totalem Triebwerksmassenstrom

## 2.2.3 Verschiebung des Mischungsverhältnisses

Durch das Abzweigen der beschriebenen Teilmassenströme vom Brennkammermassenstrom kommt es zu einer Verschiebung des Mischungsverhältnisses in der Brennkammer. Das in der Brennkammer vorliegende Mischungsverhältnis ergibt sich allgemein zu

$$\Phi_c = \frac{\dot{m}_{Ox,tot} - \dot{m}_{Ox,GG}}{\dot{m}_{BS,tot} - \dot{m}_{BS,GG} - \dot{m}_{dump}} . \tag{2.17}$$

Diese Beziehung gilt bei Vernachlässigung des Hilfsgerätemassenstroms ( $\dot{m}_{aux} = 0$ ) sowie unter der Annahme, daß zur Dumpkühlung ein Teil des Brennstoffmassenstroms entnommen wird.

### 2.2.4 Triebwerksverluste

Der tatsächliche spezifische Impuls ist gemäß Gl. (2.10) eine Funktion des idealen Impulses und der auftretenden Verluste. Um die reale Leistungsfähigkeit eines Raketenantriebes abschätzen zu können, ist die Bestimmung von Divergenz- und Brennkammerwirkungsgraden erforderlich.

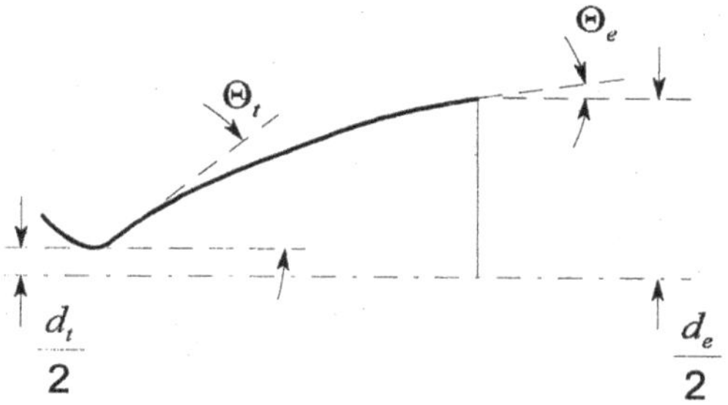


Abb. 2.3: Darstellung einer Glockendüse

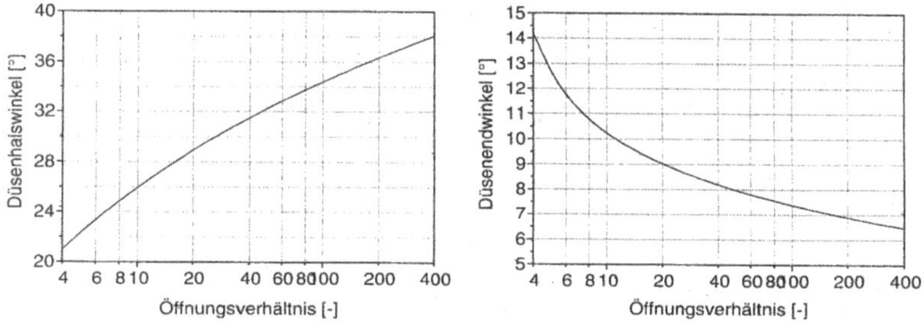


Abb. 2.4: Düsenhals- und Düsenendwinkel über Öffnungsverhältnis $\varepsilon$ für Glockendüsen bei einem Verkürzungsfaktor von 0,8

Grundlage einer Abschätzung des Divergenzverlustes ist die Ermittlung des Düsenendwinkels $\Theta_e$ (Abb. 2.3) einer Glockendüse mit einem Verkürzungsfaktor von 0,8 gegenüber einer Standard-Kegeldüse mit einem Düsenendwinkel von 15°. Der dabei auftretende Verlust gegenüber einer Glockendüse mit der gleichen Länge wie eine ungekürzte Kegeldüse ist nur gering [15], so daß direkte (Düsenmasse) und indirekte (Zwischenstufenmasse) Gewichtsvorteile die Nachteile ausgleichen. Die Düsenhals- und Düsenendwinkel nach [16] für eine ideale Glockendüse mit einem Verkürzungsfaktor von 0,8 sind in Abb. 2.4 dargestellt.

Streng genommen gelten diese Winkel nur für Treibstoffe mit einem Isentropenexponenten von $\kappa = 1{,}23$. Da jedoch die Unterschiede zu anderen Treibstoffkombinationen sehr gering sind [17], kann dieser Zusammenhang für alle untersuchten Treibstoffe

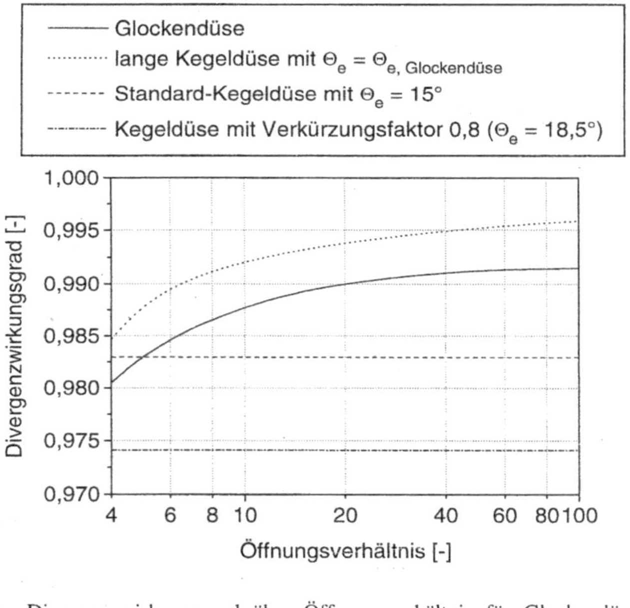


Abb. 2.5: Divergenzwirkungsgrad über Öffnungsverhältnis für Glockendüsen mit einem Verkürzungsfaktor von 0,8 nach [8], langen Kegeldüsen mit einem Düsenendwinkel nach Abb. 2.4, Standard-Kegeldüsen mit $\Theta = 15°$ sowie verkürzten Kegeldüsen

zugrundegelegt werden. Um den Endwinkel der Primärdüse auch bei ausfahrbaren Düsen ermitteln zu können, ist eine Modellierung der Düsenform erforderlich. Der Divergenzwinkel wird dabei für den Betriebsmodus optimiert, welcher den größten Beitrag zur Transportleistung beisteuert, was in aller Regel die Ausfahrdüse ist. Zur Bestimmung der Düsenkontur wird die Düse durch eine Parabelform charakterisiert, was einer nahezu optimalen Annäherung an eine Glockendüse entspricht [15]. Die Kontur läßt sich damit eindeutig durch den Düsenendwinkel $\Theta_e$, das Öffnungsverhältnis $\varepsilon_d$, und den Düsenhalsdurchmesser $d_t$ definieren. Über diese Darstellung läßt sich zu einer gegebenen Düsenkontur der Divergenzwinkel für jedes Öffnungsverhältnis der Primärdüse bei festgelegtem Öffnungsverhältnis der Ausfahrdüse bestimmen. Die resultierenden Divergenzwirkungsgrade ergeben sich für Glockendüsen mit dem Verkürzungsfaktor 0,8 nach Abb. 2.5 [8]. In dieser Abbildung sind zusätzlich die Wirkungsgrade für Standard-Kegeldüsen mit einem Düsenendwinkel von $\Theta = 15°$ sowie für eine lange Kegeldüse, deren Düsenendwinkel dem der jeweiligen Glockendüse entspricht, eingetragen. Weiterhin ist das Ergebnis für Kegeldüsen mit einem Verkürzungsfaktor von 0,8 entsprechend den betrachteten Glockendüsen dargestellt. Für Kegeldüsen ergeben sich die Divergenzwirkungsgrade allgemein zu

$$\eta_{div} = 0{,}5\left(1 + \cos\Theta_e\right). \tag{2.18}$$

Neben den bereits beschriebenen Verlusten in der Düse ist zur Leistungsvorhersage die Bestimmung des Verbrennungswirkungsgrades erforderlich, der die Verbrennungsgüte der Treibstoffkomponenten beschreibt. Hier besteht eine starke Abhängigkeit vom Einspritzsystem als auch von der Ausbildung der Brennkammer, wodurch eine allgemeingültige Bestimmung sehr schwierig ist. Typischerweise liegt der Verbrennungswirkungsgrad $\eta_{comb}$ für hoch- und mittelenergetische Treibstoffe bei Werten oberhalb von 0,995 [18].

## 2.3 Bewertung der Leistungsmodellierung

Bedingt durch den deutlichen Einfluß der Triebwerksleistung auf die Transportkapazitäten von Raumfahrtträgern ist eine sorgfältige Überprüfung der Modellierung erforderlich, um die Genauigkeit der erzielten Ergebnisse bestimmen und bewerten zu können. Zu diesem Zweck durchgeführte Nachrechnungen existierender Triebwerke ergaben gute bis sehr gute Übereinstimmungen. Die Abweichungen des verlustbehafteten Vakuumimpulses in Vergleich zu den tatsächlichen Werten liegen dabei für die Treibstoffkombination $LO_2/LH_2$ bis auf eine Ausnahme (RL–10) in einem Bereich von maximal -0,7 % (Tab. 2.1), für $LO_2$/RP1 mit bis zu -3,5 % etwas höher (Tab. 2.2). Die Ursachen für die größeren Abweichungen unter Verwendung der zweiten Treibstoffkombination sind einerseits in der Konzeption als Nebenstromtriebwerke zu sehen, die je nach Bauart und Dimensionierung durch die verwendeten Mittelwertansätze nicht exakt erfaßt werden können. Andererseits stammen insbesondere die Triebwerke mit größeren Abweichungen aus dem Raumfahrtprogramm der ehemaligen Sowjetunion, deren Datenbasis derzeit noch kritisch hinterfragt werden muß.

Tab. 2.1: Spezifischer Impuls für Treibstoffkombination $LO_2/LH_2$

| Triebwerk | $I_{sp,SL}$ [s] | $I_{sp,SL,Modell}$ [s] | Abweichung [%] | $I_{sp,vac}$ [s] | $I_{sp,vac,Modell}$ [s] | Abweichung [%] |
|---|---|---|---|---|---|---|
| HM 7A | — | — | — | 441,4 | 439,3 | - 0,48 |
| HM 7B | — | — | — | 444,6 | 444,3 | - 0,07 |
| J–2 | — | — | — | 424,9 | 423,6 | - 0,31 |
| J–2S | — | — | — | 436,0 | 434,9 | - 0,25 |
| LE–7 | 347,0 | 351,5 | + 1,30 | 447,7 | 446,1 | - 0,36 |
| RL–10 | — | — | — | 443,8 | 435,7 | - 1,83 |
| RL–10 A-3-3A | — | — | — | 446,4 | 443,3 | - 0,69 |
| RS-53 | 348,0 | 364,0 | + 4,60 | 453,5 | 451,5 | - 0,44 |
| SSME | 362,9 | 362,5 | - 0,11 | 451,5 | 450,6 | - 0,20 |
| VULCAIN | 326,7 | 335,2 | + 2,60 | 431,0 | 431,0 | ± 0,00 |

Tab. 2.3 gibt zusammenfassend die mittleren Abweichungen der betrachteten und in den Tab. 2.1 und Tab. 2.2 aufgeführten Triebwerke wieder. Trotz der generell etwas zu niedrig liegenden Vakuumimpulse wurde auf die Einführung eines Korrekturfaktors verzichtet, da die Werte des Bodenimpulses zum Teil deutlich auch nach oben von der vorliegenden Datenbasis abweichen. Die nachgerechneten Triebwerke stellen im mehrdimensionalen Gesamtfeld mit vielfältigen Einflußparametern einer Triebwerksmodellierung nur einzelne Datenpunkte dar. Eine Verbesserung der erzielbaren Genauigkeit durch eine Analyse der charakterisierenden Eingabegrößen sowie des Trieb-

werksdesigns mit ihren Auswirkungen auf die Leistungscharakteristik wäre einer globalen Korrektur in Form eines konstanten Faktors vorzuziehen.

Tab. 2.2: Spezifischer Impuls für Treibstoffkombination $LO_2$/RP1

| Triebwerk | $I_{sp,SL}$ [s] | $I_{sp,SL,Modell}$ [s] | Abweichung [%] | $I_{sp,vac}$ [s] | $I_{sp,vac,Modell}$ [s] | Abweichung [%] |
|---|---|---|---|---|---|---|
| F–1 | 265,3 | 266,1 | + 0,30 | 304,0 | 300,8 | – 1,05 |
| H–1 | 253,0 | 256,9 | + 1,54 | 288,0 | 284,4 | – 1,25 |
| MA–5 (Booster) | 259,1 | 254,0 | – 1,97 | 292,0 | 284,3 | – 2,64 |
| MA–5 (Sustainer) | 220,4 | 224,0 | + 1,63 | 309,0 | 306,4 | – 0,84 |
| RD–107 | 256,9 | 251,8 | – 1,99 | 314,0 | 305,4 | – 2,74 |
| RD–108 | 247,7 | 242,6 | – 2,06 | 315,0 | 304,2 | – 3,43 |
| RS–27 | 262,2 | 256,5 | – 2,17 | 295,0 | 286,1 | – 3,02 |
| RZ–2 | 247,0 | 244,2 | – 1,13 | 285,0 | 279,4 | – 1,96 |

Tab. 2.3: Mittlere Abweichungen der modellierten von den tatsächlichen Werten betrachteter Triebwerke aus Tab. 2.1 und 2.2

| | $LO_2/LH_2$-Triebwerke | | $LO_2$/RP1-Triebwerke | |
|---|---|---|---|---|
| | spezifischer Bodenimpuls | spezifischer Vakuumimpuls | spezifischer Bodenimpuls | spezifischer Vakuumimpuls |
| mittl. Abweichung [s] | 7,15 | - 2,05 | - 1,94 | - 6,38 |
| mittl. Abweichung [%] | 2,10 | - 0,46 | - 0,73 | - 2,12 |

Die Abweichungen bei den Kontrollrechnungen für ausgeführte Triebwerke liegen in einem Rahmen, der für eine Modellierung auf der Basis der gewählten Mittelwertansätze akzeptabel ist und die Charakteristiken von Raketentriebwerken richtig wiedergibt. Somit stellt das beschriebene Leistungsmodell für $LO_2/LH_2$- und $LO_2$/RP1-Triebwerke über den gesamten Einsatzbereich ein brauchbares Werkzeug in der Vorauslegungsphase von Raketenträgern dar.

# 3 Massenmodellierung

Bei der Planung von zukünftigen Raumtransportsystemen treffen zwei konträre Forderungen aufeinander: Einerseits will man die Leistungsgrößen alternativer Transportsysteme ermitteln, ohne besondere Vorarbeiten wie Konstruktionen durchgeführt zu haben. Auf der anderen Seite ist die Schwierigkeit offensichtlich, ohne Konstruktionsunterlagen oder Teilmassenvorgaben die Systemmassen zu ermitteln oder auch nur abzuschätzen. So gilt es einen Zusammenhang zwischen den Systemparametern wie Treibstoffmassen, Schub oder Geometrie und den daraus resultierenden Massen zu finden. Ein üblicher Zugang dazu wird in frühen Projektphasen immer ein Ansatz auf der statistischen Basis bereits existenter Trägersysteme oder ein analytischer Ansatz unter Berücksichtigung einer vereinfachten Auslegung der Trägersystems sein. Zwar existieren heute bereits einige solcher Werkzeuge, die jedoch teilweise als Basis ein statistisches Verfahren besitzen, das anhand von Hochleistungsflugzeugen skaliert und so für reine Raketenträgersysteme ohne aerodynamische Flächen ungeeignet scheint [19]. Daneben sind Ansätze, die nach analytischen Methoden die Strukturmassen von Raketenstufen ermitteln, auf Grund der Ausrichtung auf bestimmte Trägersysteme eingeschränkt verwendbar, zeigen jedoch bei der Übertragung auf deutlich abweichende Stufengrößen große Differenzen [20].

Daraus ergibt sich die Forderung, als Grundlage für die später durchzuführende Leistungsermittlung ein Massenmodell zu verwenden, das sich bei der Abschätzung an bisher gebauten Raketenträgern orientiert und mittels dessen Hilfe sich konventionelle Trägersysteme in ihren Massen abschätzen lassen. Die Modellierung erfolgt auf der Basis einer statistischen Korrelation gebauter bzw. in naher Zukunft existierender und bereits nahezu durchkonstruierter Trägersysteme [21].

## 3.1 Aufbau

Aufgrund des verwendeten Verfahrens wird das hier beschriebene Modell bezüglich der Elemente einer Raketenstufe grob unterteilt. Nur so lassen sich die verfügbaren

Daten existierender Trägersysteme statistisch erfassen und sinnvoll auswerten. Im Massenmodell wird nach folgenden, für ein Transportsystem mit Raketenantrieb typischen Unterbaugruppen, differenziert:

- Flüssigkeitstriebwerke mit Schwenksystem
- Feststofftriebwerke
- Schubgerüst
- Stufenstruktur
- Zwischenstufen
- Ausrüstungsabteil (Vehicle Equipment Bay)
- Nutzlastadapter
- Nutzlastverkleidung

Bei der Ermittlung der Massen von Flüssigkeitstriebwerken wird versucht, sich von Methoden der statistischen Skalierung anhand gebauter Triebwerke so weit wie möglich zu entfernen und statt dessen analytische Ansätze zur Betrachtung von Triebwerkskomponenten einzubringen. Der Versuch, auf Untersystemebene einen Ansatz auf statistischer Basis aufzustellen, wurde bereits mit guten Resultaten unternommen ([22], [23]). Ein analytischer Ansatz bietet jedoch – insbesondere bei der Betrachtung zukünftiger und damit gegebenenfalls außerhalb des beim statistischen Modell zugrundegelegten Korrelationsbereichs liegender Triebwerke – eine größere Flexibilität. Eine völlige Loslösung von Korrelationen an ausgeführten Subsystemen ist bei der Triebwerksmodellierung jedoch nicht immer möglich, sei es aus Gründen mangelnder Informationen oder aus der Erkenntnis, daß sich nicht alle Triebwerkskomponenten auf diese Weise realistisch nachbilden lassen. Dennoch erscheint der gewählte Ansatz gerechtfertigt, um auch die Einflüsse der im Leistungsmodell berücksichtigten Eingabegrößen differenzierter zu betrachten, als dies in einem statistischen Modell über die gebräuchliche globale Skalierung anhand des Triebwerksschubs möglich ist.

Die übrigen Komponenten eines Raumtransportsystems werden über Korrelationsfunktionen auf der Basis von gebauten Geräten ermittelt, wodurch einerseits ein einfacher Zugang zur Massenabschätzung gewährleistet ist, andererseits die Glaubwürdigkeit des Modells gestärkt wird. Diese Funktionen basieren auf einer Logarithmusfunktion der Gestalt

$$m_{\text{Komponente}} = a + b\ln(S^{c} + d) \tag{3.1}$$

mit der Skalierungsgröße $S$ sowie den für die entsprechenden Subsysteme jeweils getrennt zu bestimmenden Parametern $a$ bis $d$. Durch diesen Ansatz auf der Basis einer Logarithmusfunktion ist zum einen der Effekt einer verringerten Massenzunahme bei steigender Baugröße entsprechend berücksichtigt, andererseits im Gegensatz zu quadratischen Ansätzen, wie sie in [21] verwendet werden, eine grundsätzliche Gültigkeit auch über den untersuchten Bereich hinaus gewährleistet. Im einzelnen bewirken die Parameter $a$ und $d$ eine Verschiebung der Kurve in y- bzw. x-Richtung, während $b$ eine Verzerrung in y-Richtung gestattet. Zur besseren Anpassung an die gegebene Datenbasis wird der Parameter $c$ eingeführt, der einen Wendepunkt im Verlauf der Funktion ermöglicht. Mit zunehmendem $c$ steigert sich die Krümmung der Kurve vor dem Wendepunkt.

## 3.2 Flüssigkeitstriebwerke

### 3.2.1 Aufbau der Modellierung

Das zugrundegelegte Triebwerksmodell basiert auf einer separaten Massenabschätzung folgender Baugruppen eines typischen Flüssigkeitstriebwerks:

- Kardanaufhängung ($m_{Kardan}$)
- Dom zur Schubeinleitung ($m_{Dom}$)
- Treibstoffinjektor ($m_{Inj}$)
- Brennkammer ($m_{BK}$)
- Düse ($m_{Düse}$)
- Turbopumpen ($m_{TP}$)
- Ventile ($m_{Ventile}$)
- Restmassen durch nicht einzeln erfaßte Bauelemente, wie z.B. Leitungen, Druckbehälter, Elektronik ($m_{Rest}$)

Die gesamte Triebwerksmasse ergibt sich aus der Summe der Subsysteme, wobei im Falle einer Ausfahrdüse noch die dafür zusätzlich vorhandenen Massen berücksichtigt werden müssen.

Die im weiteren Verlauf erläuterten Zusammenhänge zur Abschätzung der einzelnen Teilmassen basieren unter anderem auf den jeweils vorliegenden Brennkammer-, Gasgenerator-, Dumpkühlungs- und Hilfsmassenströmen. Die Bestimmung der einzelnen

Teilmassenströme erfolgt analog den in Kapitel 2 beschriebenen Ansätzen, auf die an dieser Stelle verwiesen wird.

### 3.2.2 Modellierung der Einzelkomponenten

Auf die Modellierung der Einzelkomponenten wird hier nur kurz eingegangen, für detailliertere Betrachtungen sowie insbesondere Zahlenangaben zu einzelnen Kennwerten und Materialgrößen sei auf [9] verwiesen.

#### 3.2.2.1 Kardanaufhängung

Zur Schubvektorsteuerung der Triebwerke werden in der Praxis verschiedene Aufhängungen in Abhängigkeit vom Schubniveau eingesetzt. Bedingt durch den unterschiedlichen Aufbau der entweder als Kugelgelenk oder zweiachsig ausgeführten Bauform wird ein statistischer Ansatz zugrundegelegt [13], wodurch sich die Masse der Aufhängung mit dem maximalen Vakuumschub $F_{vac}$ [kN] zu

$$m_{\mathrm{Kardan}}[kg] = 0{,}035 \cdot 10^{-3} F_{vac} \qquad (3.2)$$

ergibt.

#### 3.2.2.2 Triebwerksdom und Treibstoffeinspritzsystem

Tab. 3.1: Vergleich einiger Dom- und Injektormassen

| Triebwerk | Masse | Masse modelliert | Abweichung |
|---|---|---|---|
| | [kg] | [kg] | [%] |
| HM 7A | 10,8 | 6,6 | -0,39 |
| RL–10 | 6,7 | 12,5 | + 0,87 |
| SSME | 171,0 | 208,8 | + 0,22 |
| VULCAIN | 112,8 | 116,6 | + 0,03 |

Die Verbindung zwischen der kardanischen Aufhängung des Triebwerks und der Brennkammer stellt der Triebwerksdom dar. Zusammen mit dem sich anschließenden Injektor erfolgt eine Betrachtung auf analytischer Basis, wobei eine Modellierung durch Platten und Ringelemente nach Abb. 3.1 mit Ermittlung der entsprechenden Massen durchgeführt wird [9].

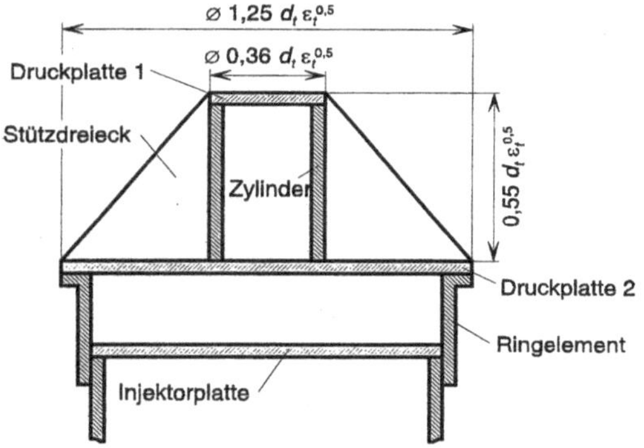


Abb. 3.1: Modellierung des Triebwerksdoms und Treibstoffeinspritzsystems

### 3.2.2.3 Brennkammer

Im Gegensatz zur funktionellen Gliederung eines modernen Raketentriebwerks, bei der die Brennkammer lediglich aus dem zylindrischen Brennraum besteht, umfaßt sie bei einer Betrachtung der Baugruppen den Brennraum, einen konvergenten und einen divergenten Abschnitt. Letzterer erstreckt sich im Rahmen der hier vorgestellten Modellierung bis zu einem Öffnungsverhältnis von $\varepsilon = 5$. Zur Abschätzung der Masse erfolgt eine Untergliederung des Aufbaus in den Druckbehälter und die Kühlschale. Neben diesen beiden Elementen werden die zur Brennkammer- bzw. Düsenkühlung erforderlichen Heißgas- und Treibstoffeinlaßkanäle in Abhängigkeit des vorliegenden Triebwerkszyklus in der Massenbilanz der Brennkammer berücksichtigt.

Damit ergibt sich nach [9] die gesamte Brennkammermasse mit der Masse des Druckbehälters $m_{\text{Druckbehälter}}$, der Kühlschalenmasse $m_{\text{Kühlschale}}$ sowie der Masse der Treibstoffeinlaßkanäle $m_{\text{Treibstoffeinlaß}}$ zu

$$m_{BK} = \left[K_{\text{Preb}}\left(m_{\text{Druckbehälter}} + m_{\text{Kühlschale}}\right) + m_{\text{Treibstoffeinlaß}}\right]K_c \,. \tag{3.3}$$

Der erhöhte Massenbedarf bei Triebwerken mit Vorverbrennung wird durch den Vorverbrennungsfaktor $K_{\text{Preb}}$ berücksichtigt. Der Brennkammerfaktor $K_c$ berücksichtigt die sich aus dem analytischen Ansatz ergebenden Abweichungen gegenüber gebauten Triebwerken und bildet einen statistischen Korrekturfaktor, der in Abhängigkeit der Triebwerksgröße über den Massenstrom abgeschätzt wird.

#### 3.2.2.4 Düse

Eine Erfassung der Düsenmasse erfolgt auf der Basis des in [22] vorgestellten Röhrchenmodells. Dazu wird die durch eine Parabel angenäherte Düsenfläche mit Kühlröhrchen bedeckt, die je nach Kühlungsart mit einer statistisch ermittelten Wandstärke $t_R$ modelliert werden. Aus diesem Ansatz ergibt sich die Masse der Düse mit der mittleren Dichte der Düsenwerkstoffe $\rho_D$ [13] sowie der Gesamtfläche ab dem Düsenhals $A_{\text{Gesamt}}$ abzüglich des divergenten Brennkammerabschnitts $A_{Div,BK}$ allgemein zu

$$m_{\text{Düse}} = t_R\left(A_{Gesamt} - A_{Div,BK}\right)\rho_D \pi K_{Lot} K_D \,. \tag{3.4}$$

Die Einführung des Lötmaterialfaktors $K_{\text{lot}}$ berücksichtigt den Massenzuwachs durch das Lötmittel, der Düsenanpassungsfaktor $K_D$ sorgt für einen statistischen Abgleich mit realen Düsen.

Ausfahrdüsen werden auf der Basis einer strahlungsgekühlten Bauweise modelliert [9]. Dieser Überlegung folgend ergibt sich die Ausfahrdüsenmasse mit der Mantelfläche des Ausfahrteils der Düse $A_E$, der Wandstärke $t_E$ und der mittleren Materialdichte zu

$$m_E = A_E t_E \rho_E + m_{\text{Flansch}} \,. \tag{3.5}$$

Die Masse des Befestigungsflansches folgt aus der Modellierung in Form eines Ringelements. Der zur Bewegung der Ausfahrdüse erforderliche Mechanismus wird über einen konstanten Faktor anhand der Düsenmasse skaliert, woraus sich die Gesamtmasse der Ausfahrdüse inklusive des Antriebes zu

$$m_{\text{Ausfahrdüse}} = m_E + 1{,}6 m_E \tag{3.6}$$

ergibt.

#### 3.2.2.5 Turbopumpen

Auf Grund des komplexen Aufbaus einer Turbopumpenmaschinerie erscheint ein analytischer Ansatz wenig sinnvoll, so daß auf einen statistischen Ansatz zurückgegriffen wird, der die Turbopumpenmasse $m_{TP}$ in Relation zur Dichte der zu fördernden Treibstoffkomponente $\rho_K$ [kg/m³] sowie der Pumpenleistung $P_{TP}$ [kW] setzt [22]

$$m_{TP} = K_{TP} \rho_K^{0,148} P_{TP}^{0,73} . \tag{3.7}$$

Der Korrekturfaktor $K_{TP}$ ist davon abhängig, ob es sich um Vor- oder Hauptpumpen handelt.

#### 3.2.2.6 Ventile

Die Abschätzung der Ventilmassen zwischen den Treibstoffleitungen und dem Triebwerk basiert auf der Modellierung eines Butterfly–Ventils. Die Dimensionierung der Hauptventile richtet sich dabei in erster Näherung nach den anliegenden Drücken, Durchsatzmenge, Fließgeschwindigkeit sowie Dichte der Treibstoffkomponenten [9].

#### 3.2.2.7 Restmassen

Neben den in den vorangegangenen Abschnitten modellierten Triebwerkskomponenten existiert eine Vielzahl von Einzelposten, die analytisch nicht erfaßt werden können, aber dennoch ein nicht zu vernachlässigbarer Teil der gesamten Triebwerksmasse sind. Dazu gehören Leitungen aller Art, Ventile, Gasgenerator, Zündvorrichtung, elektronische Ausrüstung, Stellmotoren zur Schubvektorsteuerung und ähnliches. Für diese Restmassen erfolgt auf Grund der Proportionalität eine Skalierung an der gesamten bisher ermittelten Triebwerksmasse, wobei zwischen Triebwerken mit

$$m_{\text{Rest}} = 0,38 \cdot \sum m_{\text{Komponenten}} \tag{3.8}$$

bzw. ohne regelbarem Schubniveau

$$m_{\text{Rest}} = 0{,}35 \cdot \sum m_{\text{Komponenten}} \tag{3.9}$$

unterschieden wird.

### 3.2.3 Bewertung der Triebwerksmassenmodellierung

Tab. 3.2: Vergleich der tatsächlichen mit den ermittelten Triebwerksmassen

| Triebwerk | Masse [kg] | Masse modelliert [kg] | Abweichung [kg] | Abweichung [%] |
|---|---|---|---|---|
| F–1 | 8445 | 8781 | + 336 | + 4,0 |
| H–1 | 680 | 630 | – 50 | – 7,4 |
| HM 7A | 140 | 135 | – 5 | – 3,6 |
| HM 7B | 155 | 141 | – 14 | – 9,0 |
| J–2 | 1200 | 1152 | – 48 | – 4,0 |
| J–2S | 1724 | 1517 | – 207 | – 12,0 |
| LE–7 | 1720 | 1990 | + 270 | + 15,7 |
| MA–5 (Booster) | 1424 | 1841 | + 417 | + 29,3 |
| MA–5 (Sustainer) | 470 | 518 | + 48 | + 10,2 |
| RD–107 | 1155 | 1239 | + 84 | + 7,3 |
| RD–108 | 1250 | 1201 | – 49 | – 3,9 |
| RL–10 | 138 | 154 | + 16 | + 11,6 |
| RL–10 A-3-3A | 150 | 174 | + 24 | + 16,0 |
| RL–10 A-4 | 179 | 195 | + 16 | + 8,9 |
| RS–27 | 1025 | 976 | – 49 | – 4,8 |
| RS–53 | 3266 | 3697 | + 431 | + 13,2 |
| SSME | 3000 | 2863 | – 164 | – 5,5 |
| VIKING 5C | 826 | 810 | – 16 | – 1,9 |
| VULCAIN | 1300 | 1388 | + 88 | + 6,8 |

Bei einer Modellierung der Triebwerksmassen bestehen – verglichen mit einer Leistungsabschätzung – bauartbedingt größere Unsicherheiten. Der verstärkte Einsatz analytischer Ansätze fordert eine kritische Betrachtung der Ergebnisse, deren Abweichungen bei der Nachrechnung realisierter Triebwerke im allgemeinen in einem Bereich von ±15 % liegen (Tab. 3.2). Dennoch liegen die Toleranzen in einem Rahmen, der die Verwendung dieser Modellierung rechtfertigt und die gestellte Forderung erfüllt, Triebwerksmodifikationen mit ihrer Auswirkung auf die Massenbilanz zu erfassen.

Ein Vergleich von Ausfahrdüsenmassen ist nur bedingt möglich, da das RL–10 A-4 das einzige bisher im Bereich der Raumfahrt realisierte Flüssigkeitstriebwerk mit variabler Düse darstellt. Bei einer genauen Betrachtung muß bei diesem Triebwerk jedoch von einer gefalteten Düse zur Verringerung der Baulänge gesprochen werden, dessen Sekundärdüsenteil vor Zündung des Triebwerks in Position gebracht wird. Im Unterschied dazu werden im weiteren Verlauf der Arbeit Triebwerke mit Ausfahrdüse betrachtet, deren Düsenerweiterung während des Betriebs ausgefahren wird und somit höheren Belastungen ausgesetzt ist. Dennoch zeigt sich bei einer Modellierung des Triebwerks RL–10 A-4 eine gute Übereinstimmung mit den tatsächlichen Werten.

## 3.3 Feststofftriebwerke

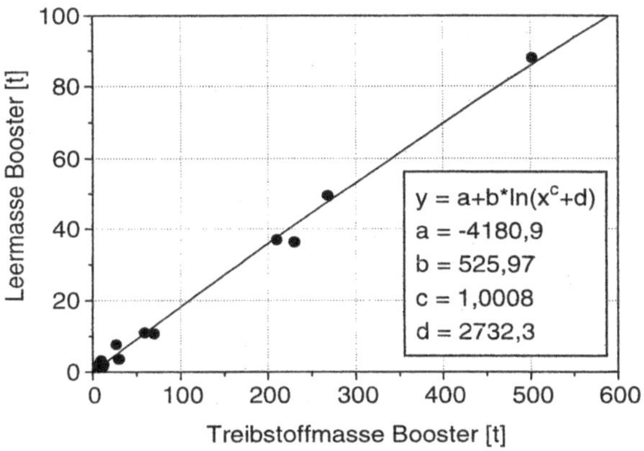


Abb. 3.2: Leermasse von Feststofftriebwerken über der Treibstoffmasse

Bei der Massenmodellierung von Feststoffmotoren wird auf die Forderung nach einer detaillierten Betrachtung von Baugruppen wie Gehäuse, Schwenkdüse, Bergungssysteme oder aerodynamische Verkleidungen verzichtet, da die vorliegende Datenbasis eine derart differenzierte Modellierung nicht zuläßt [24]. Zudem zeigen die erhaltenen Resultate auf der Grundlage einer globalen Erfassung der Masse eine gute Korrelation mit ausgeführten Feststoffmotoren. Bei den Untersuchungen zur Massenmodellierung des leeren Gehäuses mit Düse hat sich die Treibstoffmasse, welche über die Dichte auch das Gehäusevolumen beeinflußt, als geeignete Skalierungsgröße erwiesen. Die entsprechende Modellierungskurve ist neben den gebauten Geräten, die als Datenbasis zu Ermittlung der Korrelationsfaktoren gedient haben, in Abb. 3.2 dargestellt.

## 3.4 Schubgerüst

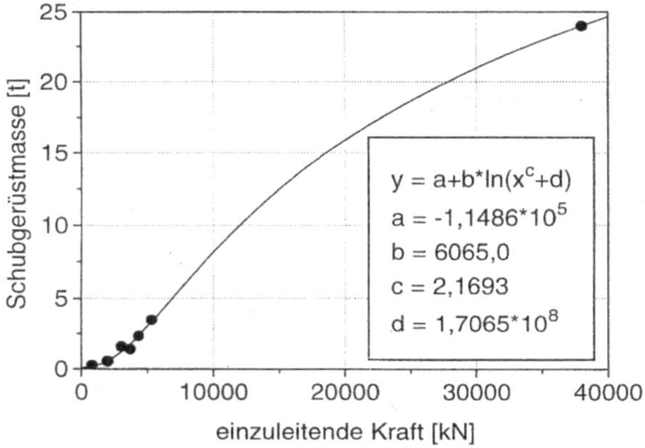


Abb. 3.3: Schubgerüstmasse über gesamt einzuleitenden Triebwerksschub

Die Einleitung der durch die Triebwerke erzeugten Kräfte in die Trägerstruktur erfolgt über das Schubgerüst. Diese Teilmasse einer Raketenstufe wird getrennt von der übrigen Struktur betrachtet, um die bei parallelgestuften Geräten vorhandenen höheren einzuleitenden Schubkräfte in der Massenbilanz berücksichtigen zu können. Ein erster Ansatz über den gesamten Schub aller Triebwerke einschließlich der Booster zeigt eine generell richtige Tendenz, jedoch ergeben sich bei der Modellierung von Trägern mit großen Feststoffboostern zu hohe Massen. Als Verbesserung wird mittels der maximal einzuleitenden Kräfte unter Berücksichtigung parallel angeordneter Triebwerke skaliert (Abb. 3.3).

## 3.5 Stufenstruktur

Die Bezeichnung der Strukturmasse ist in der Literatur häufig unterschiedlich definiert. Im weiteren Verlauf der Massenabschätzung entspricht der Sprachgebrauch der Stufenstrukturmasse der Leermasse nach Abzug der Triebwerksmasse, des Schubgerüstes und der Zwischenstufen, wobei bei einer Betrachtung der letzten Stufe die Massen für das Ausrüstungsabteil (VEB) und den Nutzlastadapter separat ermittelt werden. Die Modellierung erfolgt auf der Basis einer statistischen Korrelation gebauter bzw. in naher Zukunft existierender Trägersysteme, da ein Ansatz nach analytischen Methoden zwar für bestimmte Trägersysteme ausgerichtet und verwendbar, aber nicht auf unterschiedliche Stufengrößen übertragbar ist [20].

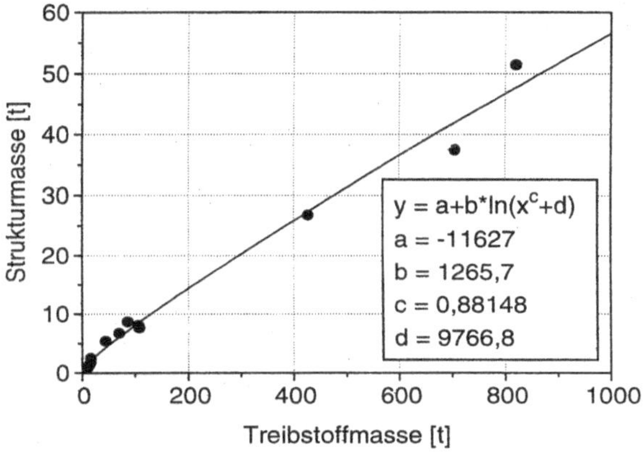


Abb. 3.4: Strukturmassen über Treibstoffmasse für kryogene Treibstoffkombination

Verschiedene Korrelationsansätze haben gezeigt, daß ein sinnvoller Ansatz zur Erfassung von Strukturmassen eine Skalierung über die Treibstoffmasse ist [21]. Unter Berücksichtigung der Treibstoffart muß dabei zwischen kryogenen ($LO_2/LH_2$) und halbkryogenen ($LO_2$/RP1) bzw. lagerfähigen Treibstoffkombinationen unterschieden werden. Dies geschieht mit Hinblick auf die deutlich geringere Treibstoffdichte und den damit verbundenen größeren Tankvolumina bei Verwendung von $LH_2$ als Brennstoff. Die über diesen Ansatz erhaltenen Modellierungsergebnisse sind in Abb. 3.4 und Abb. 3.5 dargestellt.

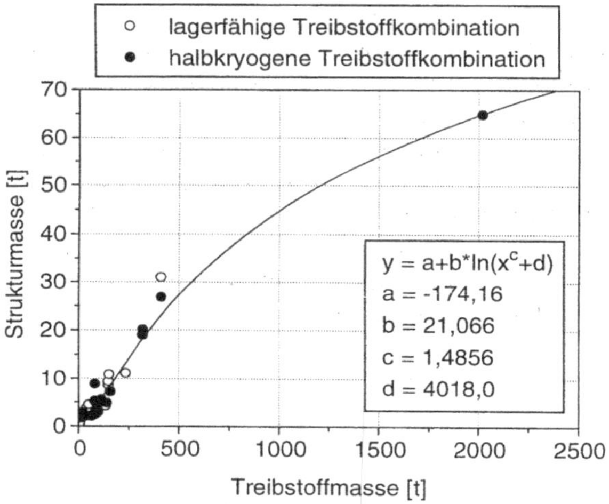


Abb. 3.5: Strukturmassen über Treibstoffmasse für halbkryogene und lagerfähige Treibstoffkombinationen

Einen Vergleich der beiden Ansätze zeigt Abb. 3.6, wobei sich insbesondere bei größeren Stufen ein Vorteil in der kompakteren Bauart durch die Verwendung von Brennstoffen mit höherer Dichte zeigt. Bei kleinen Stufen wird dieser Vorteil geringer, was sich anschaulich durch den immer kleiner werdenden Anteil der Tankmassen an der gesamten Strukturmasse erklärt.

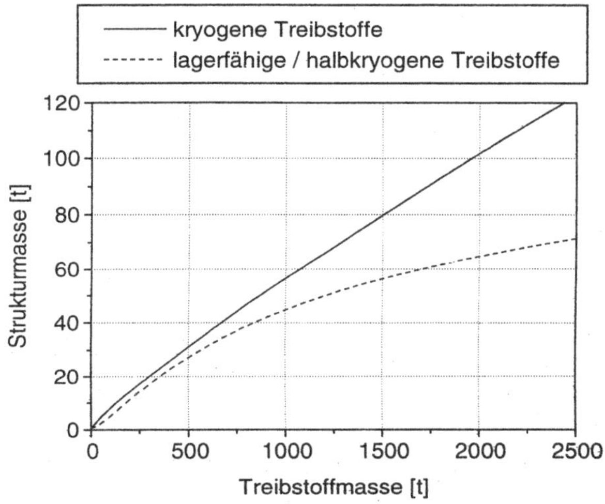


Abb. 3.6: Vergleich der Stufenstrukturen bei unterschiedlichen Treibstoffkombinationen

Grundsätzlich hat ein Treibstofftank, der den größten Anteil an der Strukturmasse besitzt, zwei Aufgaben zu übernehmen: Zum einen muß er die durch den Treibstoff verursachten Lasten aufnehmen und in die tragende Struktur einleiten, zum anderen muß das Treibstoffvolumen eingefaßt werden können. Bei einer Betrachtung von Abb. 3.7

Tab. 3.3: Dichte von Treibstoffen

| Treibstoffkomponente | Dichte $\rho$ [kg/m$^3$] |
|---|---|
| $LO_2$ | 1149,0 |
| $N_2O_4$ | 1431,0 |
| $LH_2$ | 70,9 |
| RP1 | 773,0 |
| A50 | 893,3 |
| MMH | 874,0 |
| UDMH | 783,0 |

erkennt man, daß bei einer Darstellung der Strukturmassen über dem Treibstoffvolumen die Stufen mit dichten Treibstoffen bei gleichem Volumen eine größere Strukturmasse als solche mit $LH_2$ als Brennstoff aufweisen. Damit ist genau der gegenteilige Effekt als in Abb. 3.6 bei einer Auftragung über der Treibstoffmasse zu beobachten. Dies zeigt den dualen Charakter einer Tankmodellierung und der damit verbundenen Strukturmassenmodellierung auf.

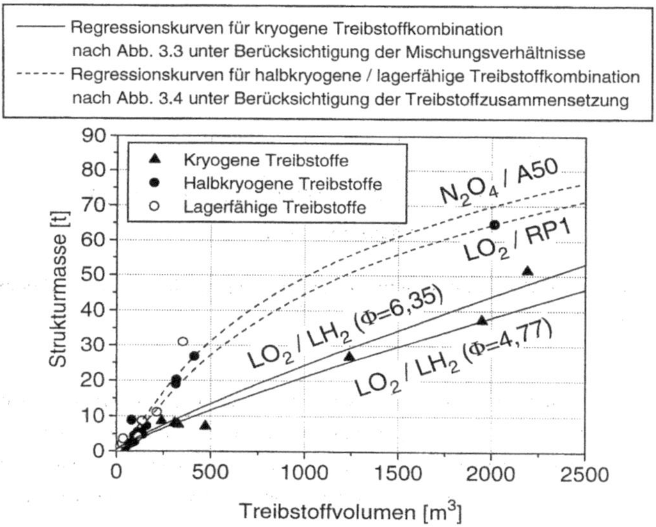


Abb. 3.7: Strukturmassen über Treibstoffvolumen mit Grenzen aus den Regressionskurven nach Abb. 3.4 und 3.5 unter Berücksichtigung der Treibstoffzusammensetzung

In Abb. 3.7 sind neben den Strukturmassen einzelner Stufen die entsprechenden Grenzkurven aus der Regressionsanalyse der Abb. 3.4 und 3.5 eingetragen. Dabei ergeben sich entsprechend der verwendeten Treibstoffkombinationen sowie der Mischungsverhältnisse die gezeigten Bereiche. Für die kryogene Treibstoffkombination mit $LO_2/LH_2$ besitzt das Mischungsverhältnis aufgrund des deutlich leichteren Wasserstoffs einen deutlichen Einfluß auf die Ausbildung der Kurven. Die obere Grenze wird durch ein Treibstoffmischungsverhältnis von $\Phi = 6{,}35$, die untere durch $\Phi = 4{,}77$ bestimmt. Bei halbkryogenen und lagerfähigen Treibstoffkombinationen besitzt das Mischungsverhältnis nur einen untergeordneten Einfluß, da sich die Dichten der Treibstoffkomponenten nur gering unterscheiden (Tab. 3.3). Hier reichen die in der Praxis verwendeten Treibstoffkombinationen von $N_2O_4$/A50 ($\Phi = 1{,}8$ bis 1,9) über $N_2O_4$/MMH ($\Phi = 2{,}05$) und $N_2O_4$/UDMH ($\Phi = 1{,}7$ bis 2,69) bis hin zu $LO_2$/RP1 ($\Phi = 2{,}15$ bis 2,63). Für diese Treibstoffkombinationen wird die obere Grenzkurve durch die etwas dichtere Treibstoffkombination $N_2O_4$/A50 bei einem Mischungsverhältnis $\Phi = 1{,}9$ gebildet, wobei die Ergebnisse für $N_2O_4$/MMH und $N_2O_4$/UDMH ungeachtet der Mischungsverhältnisse nahezu identisch sind. Der untere Rand ergibt sich aus der etwas leichteren Kombination aus $LO_2$/RP1 mit $\Phi = 2{,}15$, wobei sich auch hier bei unterschiedlichem Mischungsverhältnissen nahezu deckungsgleiche Kurven ergeben. Auch bei dieser Betrachtungsweise der Treibstoffvolumina zeigen sich Strukturmassen, die außerhalb der Grenzbereiche liegen, was auf die bereits angesprochenen Bauartunterschiede der betrachteten Stufen zurückzuführen ist.

Das im Rahmen dieser Arbeit verwendete Modell zur Abschätzung der Strukturmassen stützt sich auf die Abhängigkeit der Strukturmasse von der Treibstoffmasse (Abb. 3.4 und 3.5), da sich hier ein besserer Abgleich der Korrelationskurven mit der vorliegenden Datenbasis ergibt. Die größeren Tankmassen bei der Verwendung von $LH_2$ als Brennstoff werden dabei durch die getrennte Betrachtung unter dem Aspekt der verwendeten Treibstoffkomponenten erfaßt.

## 3.6 Zwischenstufen

Die Zwischenstufen dienen der Verbindung der einzelnen Stufen in Tandemanordnung sowie zur Übertragung der dabei auftretenden Kräfte. Sie sind somit von Bauelementen zwischen den Integraltanks einzelner Stufen, deren Masse bereits in der Strukturmassenmodellierung enthalten ist, zu unterscheiden, selbst wenn deren grundsätzlicher Aufbau analog ist und sie die gleichen Aufgaben zu erfüllen haben. Letzteres rechtfertigt das Heranziehen von Daten dieser Zwischentankstrukturen als Basis der Modellierung von Zwischenstufen. Als skalierende Größe für die Zwischenstufenmasse pro Meter Bauhöhe hat sich die über dem Bauteil befindliche Masse als brauchbar erwiesen. Damit werden bessere Resultate als in [21] erzielt, wo die Masse lediglich mit der gesamten Zwischenstufenmasse ohne Berücksichtigung der Bauhöhe in Beziehung gesetzt wurde. Die sich aus der vorliegenden Modellierung ergebenden Parameter sind in Abb. 3.8 gezeigt.

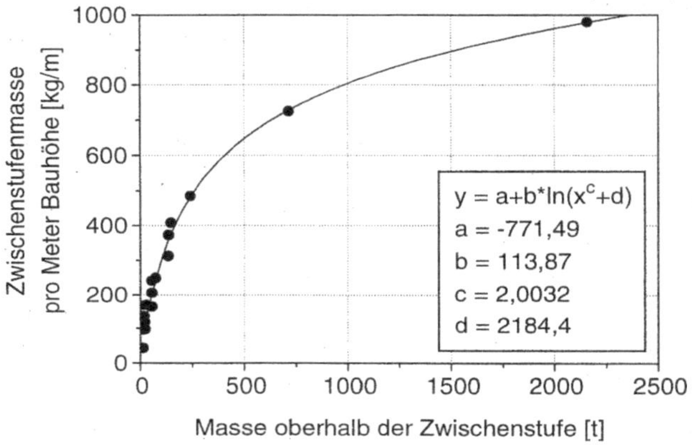


Abb. 3.8: Zwischenstufenmasse pro Meter Bauhöhe über der Masse oberhalb des Elements

Die Bauhöhe der Zwischenstufe wird maßgeblich von der Bauhöhe des zu verkleidenden Triebwerks bestimmt, woraus sich die Forderung nach einem geeigneten Skalierungsfaktor ergibt. Der Schub als dimensionierende Größe der Triebwerkslänge hat sich dabei als ein geeigneter Ansatz erwiesen, woraus sich die in Abb. 3.9 gezeigten Triebwerksbauhöhen ergeben.

Da die Zwischenstufe neben der Triebwerksverkleidung auch das Schubgerüst der oberen Stufe sowie die Tankdome der oberen und unteren Stufe zu überdecken hat, zeigt sich für die Bauhöhe folgender Ansatz als günstig und mit guten Korrelationen gegenüber gebauten Zwischenstufen

$$h_{\text{Zwischenstufe}} = h_{\text{Triebwerk}} + \frac{d_{\text{Stufe}}}{3}. \tag{3.10}$$

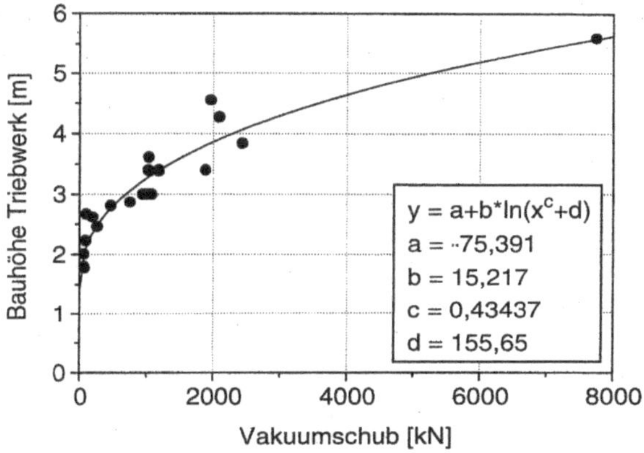


Abb. 3.9: Bauhöhe von Flüssigkeitstriebwerken in Abhängigkeit vom Schub

## 3.7 Ausrüstungsabteil

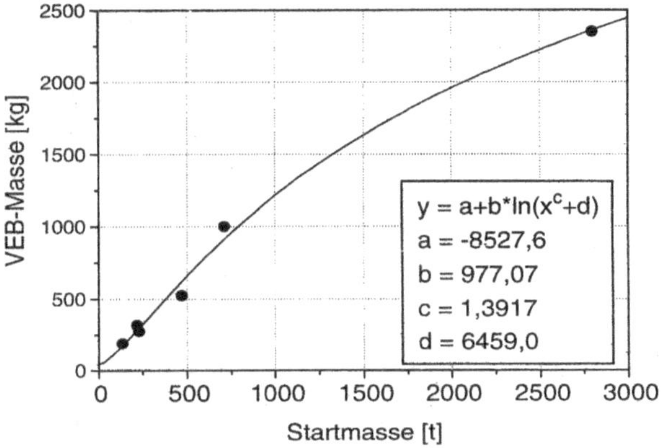


Abb. 3.10: Masse des Ausrüstungsabteils über der Startmasse des Trägersystems

Die Steuerungselektrik und -elektronik des Trägersystems ist zentral vorgesehen und befindet sich im Ausrüstungsabteil (VEB) in der obersten Stufe, fließt also dementsprechend nur in deren Massenbilanz ein. Hierbei wird vom Ansatz her davon ausgegangen, daß mit der Größe des Trägersystems auch die Komplexität und damit auch die Masse des Ausrüstungsabteils zunimmt, was zu der in Abb. 3.10 gezeigten Modellierungskurve führt.

## 3.8 Nutzlastadapter

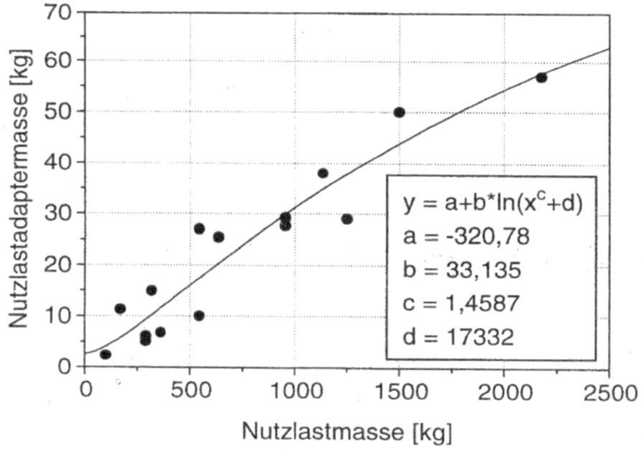


Abb. 3.11: Masse des Nutzlastadapters über der Nutzlastmasse

Obwohl der Nutzlastadapter einen sehr geringen Beitrag zur Gesamtmasse eines Raketenträgers darstellt, und die Massen kleiner als die zu erwartenden Fehler bei der Bestimmung anderer Bauteile sind, soll er hier im Rahmen dieser Modellierung betrachtet werden, um alle physikalisch vorhandenen Bauteile eines Raumtransportsystems zu berücksichtigen. Da die Aufgabe in der Aufnahme der Nutzlast besteht, zeigen die Resultate mit der Nutzlastmasse als Skalierungsparameter Ergebnisse, welche die Verwendung der in Abb. 3.11 gezeigten Modellierungskurve als geeignet erscheinen lassen.

# 3.9 Nutzlastverkleidung

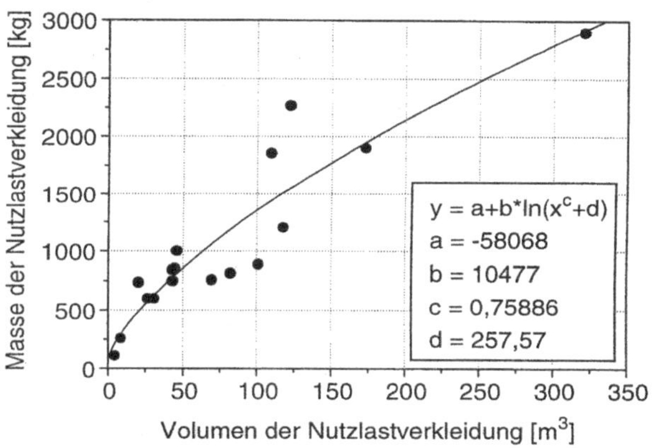


Abb. 3.12: Masse der Nutzlastverkleidung über dem Volumen

Die Aufgabe der Nutzlastverkleidung besteht im Schutz der Nutzlast vor den Einflüssen der Atmosphäre während des Aufstiegs. Dies führt zu einer Skalierung anhand des Nutzlastvolumens (Abb. 3.12), wobei für die Verwendung dieser Beziehung im weiteren Verlauf der Untersuchungen eine mittlere Nutzlastdichte von 65 kg/m$^3$ zugrunde gelegt wird [25].

# 3.10 Ungenutzte Treibstoffe

Die Trockenmasse einer Raketenstufe unterscheidet sich von der Brennschlußmasse durch die beim Abschalten der Triebwerke noch vorhandenen Treibstoffreste. Diese setzen sich aus den Treibstoffreserven, den in den Tanks vorhandenen Gasen sowie den nicht nutzbaren Rückständen in Tank und Treibstoffleitungen zusammen. Weiterhin treten insbesondere bei kryogenen Treibstoffen während des Fluges Treibstoffverluste auf, die jedoch aufgrund des geringen Anteils vernachlässigt werden können. Im einzelnen ergeben sich nach [26] mit der gesamten Treibstoffmasse $m_{TS,ges}$ [kg] die für den Aufstieg nicht nutzbaren Treibstoffmassen [kg] zu

$$m_{TS,Reserven} = 3{,}0 \cdot 10^{-3} \cdot m_{TS,ges} \tag{3.11}$$

$$m_{TS,Rückstände,Gase} = 2{,}2 \cdot 10^{-3} \cdot m_{TS,ges} + 7{,}28 \cdot 10^{-2} \cdot m_{TS,ges}^{0,79}. \tag{3.12}$$

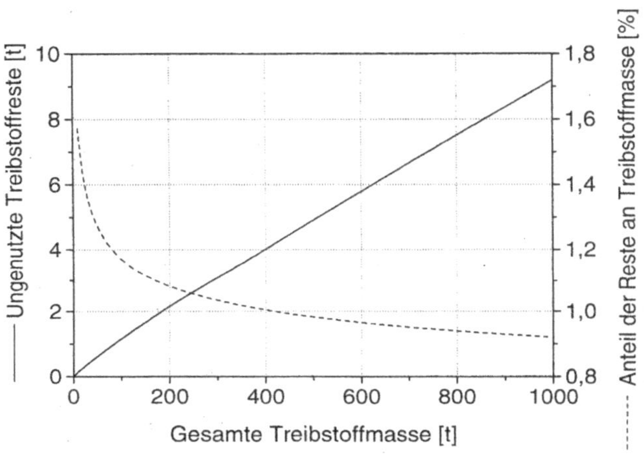


Abb. 3.13: Ungenutzte Treibstoffreste und deren Anteil am Gesamttreibstoff nach Gl. (3.8) und (3.9)

## 3.11 Bewertung des Massenmodells

Einen Vergleich der tatsächlichen Massen mit denen sich aus dem Modell ergebenden ist aus den im Anhang aufgeführten Tabellen ersichtlich. Dabei zeigen sich generell bei großen Elementen gute Übereinstimmungen, während jedoch insbesondere bei kleinen Elementen größere Abweichung zu erkennen sind. Dieses Verhalten erklärt sich aus dem Ansatz der Modellierung, der sich auf die Hauptbaugruppen realisierter Trägersysteme abstützt. Gerade bei kleinen Elementen schlagen sich Bauartunterschiede anteilig stärker in der Gesamtmasse nieder als bei großen. Da sich der Bereich der im weiteren untersuchten Trägersysteme jedoch auf mittlere und große Stufen beschränkt, kann der gewählte Ansatz als brauchbares Massenmodell verwendet werden. Die größeren Abweichungen bei kleineren Elementen – sowohl nach oben als auch nach unten –

relativieren sich, wenn man bedenkt, daß während einer Vorentwurfsphase noch eine geringe Detailkenntnis über die geplante Stufe vorliegt. Somit stellt das Modell über den gesamten Größenbereich insbesondere während einer Auslegungsphase eines Trägersystems ein anwendbares Hilfsmittel dar.

# 4 Aufstiegsbahnmodellierung

Die Beurteilung der Leistungsfähigkeit eines Trägersystems unter Berücksichtigung der Missionsanforderung stellt die Basis von Untersuchungen bezüglich Raumtransportsystemen dar. Die in der Raumfahrt generell vorliegenden kleinen Nutzlastfaktoren machen es erforderlich, die jeweils maximal mögliche Transportleistung in den gewünschten Zielorbit zu ermitteln. Dies erfordert den Einsatz eines Programms zur Leistungsermittlung auf der Grundlage einer optimierten Aufstiegsbahn, verbunden mit der Anforderung an das Gerät, zumindest das durch die Transportaufgabe festgelegte Geschwindigkeitsvermögen bereitstellen zu können.

## 4.1 Grundlagen

Das erforderliche Antriebsvermögen aus den Missionsanforderungen setzt sich aus dem charakteristischen Antriebsbedarf der Flugaufgabe $\Delta v_{ch}$ zuzüglich der im Verlauf des Aufstiegs entstehenden Verluste zusammen. Diese bestehen im wesentlichen aus den Gravitationsverlusten $\Delta v_g$, den aerodynamischen Widerstandsverlusten $\Delta v_W$, den Impulsverlusten durch den Außendruck der Atmosphäre $\Delta v_{Isp}$, den Lenkverlusten $\Delta v_\alpha$ sowie den Stufungs- und Anlaufverlusten $\Delta v_S$. Zusammen mit dem Rotationsgewinn in Abhängigkeit vom Startort $\Delta v_{rot}$ läßt sich der aus der Transportaufgabe resultierende Geschwindigkeitsbedarf schreiben als

$$\Delta v_{req} = \Delta v_{ch} + \left(\Delta v_g + \Delta v_W + \Delta v_{I_{sp}} + \Delta v_\alpha + \Delta v_S\right) - \Delta v_{rot}\,. \qquad (4.1)$$

Dem gegenüber steht das von der Rakete zur Verfügung gestellte ideale Antriebsvermögen $\Delta v_{id}$, das sich für $n$–stufige Trägersysteme in Tandemanordnung in Abhängigkeit vom spezifischen Vakuumimpuls $I_{sp,i}$ der $i$–ten Stufe, der Gravitationsbeschleunigung $g_0$ sowie der Anfangs- und Endmassen $m_{0,i}$ und $m_{BS,i}$ allgemein zu

$$\Delta v_{id} = \sum_{i=1}^{n} \left[ I_{sp,i} \cdot g_0 \cdot \ln\left( \frac{m_{0,i}}{m_{BS,i}} \right) \right] \tag{4.2}$$

ergibt. Leitet man das ideale Antriebsvermögen für parallel brennende Trägerstufen analog [7] her, ergibt es sich mit den verbrauchten Treibstoffmassen $m_{TS,i}$ für die Zeit des parallelen Antriebs für zeitlich konstante Massenströme in den arbeitenden Einheiten zu

$$\Delta v_{id} = \frac{\sum_{i=1}^{n} \left( m_{TS,i} \cdot I_{sp,i} \cdot g_0 \right)}{\sum_{i=1}^{n} m_{TS,i}} \ln\left( \frac{\sum_{i=1}^{n} m_{0,i}}{\sum_{i=1}^{n} m_{BS,i}} \right). \tag{4.3}$$

In dieser Beziehung für $n$ parallel brennende Stufen gibt $m_{BS,i}$ die jeweilige Masse bei Brennschluß der parallel angeordneten Stufen an. Um die in der Regel vorliegenden Gegebenheiten einer Kombination aus Parallel- und Tandemstufung auch bei unterschiedlich langen Brennzeiten berücksichtigen zu können, ist die Kombination von Gl. (4.2) und Gl. (4.3) unter Berücksichtigung der entsprechenden Massen erforderlich.

## 4.2 Koordinatensysteme

Zur mathematischen Beschreibung der Aufstiegsbahnen eines Flugkörpers mit den dabei wirkenden Kräften ist die Definition geeigneter Koordinatensysteme erforderlich, wobei hier die Definitionen aus [27] zugrundegelegt werden. Das Inertialsystem (i) besitzt seinen Ursprung im Erdmittelpunkt, die $x_i$-$y_i$-Ebene liegt in der Äquatorebene der Erde, wobei die positive $x_i$-Achse zum Frühlingspunkt ϒ, die $z_i$-Achse auf der Rotationsachse der Erde zum geographischen Nordpol zeigt. Das geozentrische erdfeste Koordinatensystem (j) weist grundsätzlich die gleiche Charakteristik wie das Inertialsystem auf, jedoch ist die Lage der $x_j$-Achse durch den Greenwich-Nullmeridian definiert, so daß es mit der bewegten Erde rotiert (Abb. 4.1). Das geozentrische Horizontsystem (h) hat seinen Ursprung im Schwerpunkt des Flugkörpers und liegt parallel zur jeweiligen Horizontebene (Abb. 4.2). Die $z_h$-Achse weist zum Erdmittelpunkt, während die $x_h$-Achse nach Norden und die $y_h$-Achse nach Osten weist. Das Geschwindigkeitskoordinatensystem (v) liegt mit dem Ursprung im Schwerpunkt des Flugkörpers und weist mit der positiven $x_v$-Achse in Richtung des Geschwindigkeitsvektors. Die $x_v$-$y_v$-Ebene liegt in der Flugbahnebene, die $z_v$-Achse in der Horizontebene. Das flugkörperfeste Koordinatensystem (o) hat seinen Ursprung ebenfalls im Massenschwerpunkt und weist mit der positiven $x_o$-Achse zur Spitze des Flugkörpers, mit der $z_o$-Achse nach rechts (Abb. 4.3).

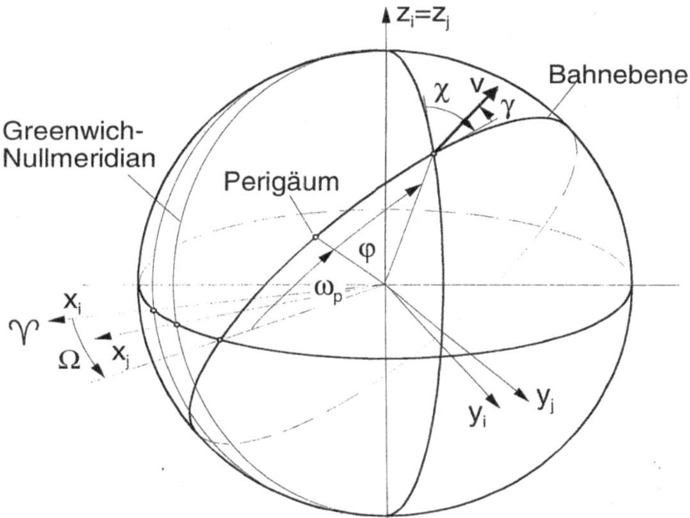


Abb. 4.1: Lage des Inertialsystems (i) sowie des mitrotierenden, erdfesten Koordinatensystems (j)

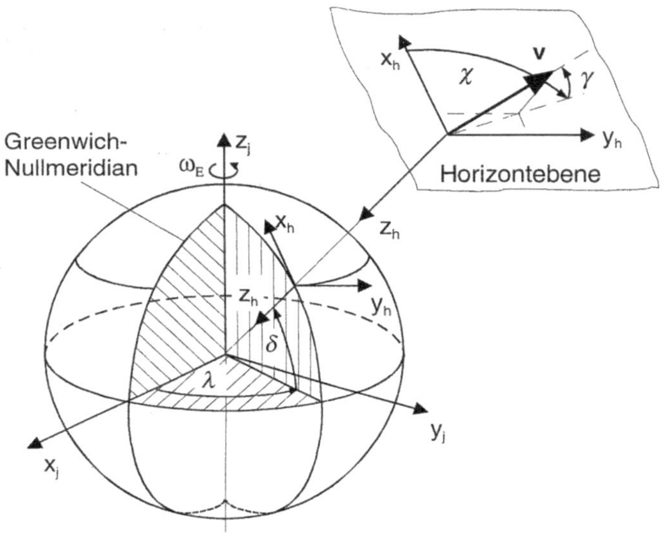


Abb. 4.2: Geozentrisches, erdfestes Koordinatensystem (j) mit Horizontsystem (h) zur Beschreibung der Flugkörperbewegung

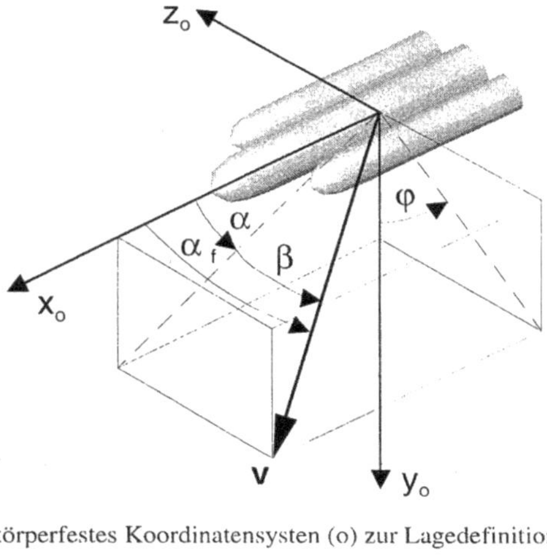


Abb. 4.3: Flugkörperfestes Koordinatensysten (o) zur Lagedefinition

Das Inertialsystem (i) dient zur Bestimmung der Zielbahnparameter wie Inklination $i$, Rektaszension $\Omega$ oder Argument des Perigäums $\omega_p$. Die Bestimmung der Flugkörperposition erfolgt im geozentrischen System (j) mittels Kugelkoordinaten, wobei $r$ den radialen Abstand des Flugkörperschwerpunktes vom Erdmittelpunkt angibt, die geographische Länge $\lambda$ positiv östlich von Greenwich, die geographische Breite $\delta$ positiv für die nördliche Hemisphäre gerechnet werden. Im Horizontsystem (h) erfolgt die Beschreibung der Flugkörpergeschwindigkeit $v$ mit dem Bahnneigungswinkel $\gamma$ sowie dem Azimut $\chi$. Der Flugbahnwinkel $\gamma$ ist null für einen Horizontalflug und positiv für Steigflüge, der Azimut wird ausgehend von der Nordrichtung positiv nach Osten gerechnet. Das Geschwindigkeitssystem (v) dient zur Aufstellung der Kräftegleichungen. Das flugkörperfeste System (o) ist um den Anstellwinkel $\alpha_f$ und den Rollwinkel $\varphi$ gegenüber dem Geschwindigkeitssystem (v) gedreht (Abb. 4.3). Es dient über die Beziehungen für die Schubrichtungswinkel $\alpha$ und $\beta$

$$\alpha = \arccos\left(\frac{\cos\alpha_f}{\sqrt{\cos^2\varphi\left(1-\cos^2\alpha_f\right)+\cos^2\alpha_f}}\right) \tag{4.4}$$

$$\beta = \arccos\left(\sqrt{\cos^2\varphi\left(1-\cos^2\alpha_f\right)+\cos^2\alpha_f}\right) \tag{4.5}$$

zur Beschreibung der Antriebskräfte.

## 4.3 Bewegungsgleichungen

Zur Bestimmung der Transportleistungen der untersuchten Trägersysteme werden im Rahmen dieser Arbeit einige Vereinfachungen gegenüber einer realen Modellierung getroffen. So werden die Flugsysteme als Starrkörper betrachtet, die keine elastischen Eigenschaften resultierend aus Biegekräften und -momenten aufweisen. Schwerpunktverlagerungen durch Tankentleerung oder Treibstoffschwappen werden nicht berücksichtigt. Weiterhin werden die Trägersysteme auf eine Punktmasse reduziert, wodurch sich die Untersuchungen auf reine Schwerpunktsbewegungen beschränken und Drehbewegungen der Flugkörper nicht berücksichtigt werden. Dieser Ansatz ist gerechtfertigt, da diese Rotationsbewegungen im allgemeinen nur von kurzer Dauer sind und auf die gesamte Flugzeit betrachtet vernachlässigbar sind (Während der gesamten Aufstiegsphase mit einer Dauer von typischerweise etwa 500 s dreht sich das Trägersystem von der senkrechten Startposition in eine Lage parallel zur Erdoberfläche bei Brennschluß der letzten Stufe). Da sich die durchgeführten Untersuchungen auf Konzeptbetrachtungen beschränken und keine detaillierten Ergebnisse hinsichtlich der Strukturbelastungen bzw. deren Auslegung gefordert werden, ist diese Vereinfachung zulässig. Die räumliche Orientierung des Flugkörpers geht jedoch auch bei einer Vernachlässigung der Drehbewegung in die Kräftegleichungen ein.

Das Aufstellen der Kräftegleichungen im Geschwindigkeitssystem (v) resultiert unter Berücksichtigung der Transformationsbedingungen zwischen den Koordinatensystemen [27] in folgendem Differentialgleichungssystem

$$\begin{aligned}
\dot{v} &= \frac{F_1}{m} + r\omega_E^2 \cos^2\delta \cdot (\sin\gamma - \cos\chi \cdot \tan\delta \cdot \cos\gamma) \\
\dot{\chi} &= \frac{F_2}{m \cdot v \cdot \cos\gamma} + \frac{r\omega_E^2 \cos\delta}{v\cos\gamma} \sin\chi \sin\delta - 2\omega_E \cos\delta \cdot (\cos\chi \cdot \tan\gamma - \tan\delta) \\
&\quad + \frac{v}{r} \sin\chi \cos\gamma \tan\delta \\
\dot{\gamma} &= \frac{F_3}{m \cdot v} + \frac{r}{v}\omega_E^2 \cos^2\delta \cdot (\cos\gamma + \cos\chi \cdot \tan\delta \cdot \sin\gamma) + 2\omega_E \cos\delta \sin\chi + \frac{v}{r}\cos\gamma \\
\dot{\lambda} &= \frac{v\cos\gamma \sin\chi}{r\cos\delta} \\
\dot{\delta} &= \frac{v}{r}\cos\gamma \cos\chi \\
\dot{r} &= v\sin\gamma \\
\dot{m} &= -\dot{m}_{TS}\,.
\end{aligned} \tag{4.6}$$

Damit sind die zeitlichen Änderungen der Zustandsgrößen unter Verwendung der relativen Geschwindigkeit $v$, dem Azimut $\chi$, dem Flugbahnwinkel $\gamma$, der geographischen Länge $\lambda$ und Breite $\delta$, dem radialen Abstand vom Erdmittelpunkte $r$ sowie der jeweils aktuellen Flugkörpermasse $m$ gegeben. In diesen Beziehungen bedeuten weiterhin $\dot{m}_{TS}$

den Treibstoffverbrauch aller operativen Triebwerke im betrachteten Zeitraum sowie $F_1$ bis $F_3$ die gesamten auftretenden Kräfte, wie sie im folgenden Abschnitt beschrieben werden.

Als eine weitere Vereinfachung wird ein Aufstieg in einer Bahnebene angenommen. Die Forderung nach Zielbahninklinationen größer als die geographische Breite des Startortes läßt sich somit nur durch eine Freigabe des Startazimuts zum Zeitpunkt $t = 0$ erreichen. Zieht man allerdings in Betracht, daß Inklinationsänderungen in der Regel bei niedrigen Geschwindigkeiten durchgeführt werden, ist dies im Rahmen der Anforderungsgenauigkeit zulässig. Durch diese Vereinfachung können schiebewinkelfreie Flüge angenommen werden, wodurch sich der Berechnungsaufwand zur Optimierung der Aufstiegsbahnen deutlich reduzieren läßt.

## 4.3.1 Auftretende Kräfte

Die auf das Trägersystem wirkenden Kräfte in Form von Triebwerksschub $F_R$, aerodynamischem Widerstand $W$, Auftrieb $A$ und Querkraft $Q$ sowie der Gravitationskraft $G_r$ beeinflussen im wesentlichen die Aufstiegsbahn und damit die Leistungsfähigkeit eines Trägersystems. In der Summe stellen sich diese Kräfte in der Form

$$F_1 = F_R \cdot \cos\alpha \cdot \cos\beta - G_r \cdot \sin\gamma - W \tag{4.7a}$$

$$F_2 = -F_R \cdot \cos\alpha \cdot \sin\beta - Q \tag{4.7b}$$

$$F_3 = F_R \cdot \sin\alpha - G_r \cdot \cos\gamma + A \tag{4.7c}$$

dar. In dieser Beziehung wirkt der Triebwerksschub stets in Fahrzeuglängsachse, wodurch sich eine Koppelung der Steuergrößen mit den aerodynamischen Kräften ergibt. Der Schubrichtungswinkel $\alpha$ liegt in der Bahnebene, $\beta$ normal dazu.

### 4.3.1.1 Schubkräfte

Der Schub zur Beschleunigung des Trägersystems wird von allen operativen Triebwerken erzeugt. Dabei zeigt die Triebwerksleistung bei Raketentriebwerken eine deutliche Abhängigkeit von der Betriebshöhe, bedingt durch die bereits angesprochenen

Verluste aufgrund des Umgebungsdrucks. Der jeweils aktuelle spezifische Impuls wird durch den Ansatz der Form

$$I_{sp}(h) = I_{sp,vac} - \left(I_{sp,vac} - I_{sp,SL}\right)\frac{p(h)}{p_0} \tag{4.8}$$

erfaßt, wobei $p(h)$ den Luftdruck in der Betriebshöhe und $p_0$ den Luftdruck am Boden beschreiben [27]. Die Boden- bzw. Vakuumwerte des spezifischen Impulses $I_{sp}$ sowie des Schubs $F_R$ ergeben sich dabei je nach untersuchtem Triebwerkstyp als Ergebnis der Triebwerksleistungsmodellierung in Kapitel 2.

#### 4.3.1.2 Aerodynamisches Modell

Die aerodynamischen Kräfte während des Aufstiegs von ballistischen Trägersystemen stellen eine Größe dar, die in zweifacher Hinsicht auf die Auslegung Einfluß nehmen. Zum einen mindert sie die in den Zielorbit zu transportierende Nutzlast aufgrund der Verringerung der Beschleunigung, zum anderen erfordern hohe aerodynamische Kräfte verstärkte und damit schwerere Stufenstrukturen. Letzterer Punkt soll in dieser Arbeit nicht weiter berücksichtigt werden. Zur Ermittlung der Leistungsfähigkeit eines Transportsystems werden die aerodynamischen Kräfte Widerstand $W$, Auftrieb $A$ und Querkraft $Q$ bezogen auf das flugkörperfeste Koordinatensystem in Abhängigkeit der Schubrichtungswinkel $\alpha$ und $\beta$, der Flugmachzahl M und der aerodynamischen Bezugsfläche $S$ angegeben:

$$W = C_x(\mathrm{M}) \cdot q \cdot S \tag{4.9a}$$

$$Q = C_y(\beta, \mathrm{M}) \cdot q \cdot S \tag{4.9b}$$

$$A = C_z(\alpha, \mathrm{M}) \cdot q \cdot S\,. \tag{4.9c}$$

Der Staudruck $q$ ergibt sich mit der Fluggeschwindigkeit $v$ relativ zur Atmosphäre zu

$$q = 0{,}5 \cdot \rho(h) \cdot v^2\,. \tag{4.10}$$

In dieser Beziehung ist die Luftdichte $\rho$ in Abhängigkeit der Flughöhe $h$ enthalten, die entsprechend [28] modelliert wird. Die aerodynamischen Beiwerte stellen modellabhängige Größen dar, die unter Berücksichtigung der jeweiligen Konfiguration detailliert untersucht werden müssen, um zu exakten Ergebnissen zu gelangen. Im Rahmen von Voruntersuchungen, wie sie im Rahmen dieser Arbeit durchgeführt werden, sind jedoch genaue Betrachtungen sehr aufwendig und schwierig.

Der aerodynamische Widerstand setzt sich aus dem Nullwiderstand $C_{W0}$ und der Widerstandserhöhung bedingt durch Anstell- oder Schiebewinkel ungleich null, jeweils bezogen auf die Bezugsquerschnittsfläche $S$, zusammen. Der Nullwiderstandsbeiwert $C_{W0}$ wird aus Werten des ARIANE 40–Trägersystems zugrundegelegt und ergibt sich nach [29] gemäß Abb. 4.4:

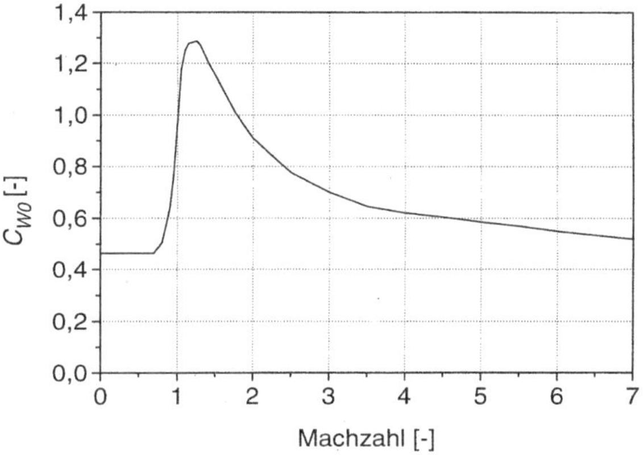


Abb. 4.4: Nullwiderstandsbeiwert $C_{W0}$ des ARIANE 40–Trägersystems (Bezugsfläche $S = 11{,}34\ m^2$)

Bei parallelgestuften Trägersystemen kommt es insbesondere im Überschallbereich aufgrund von Interferenzen zwischen den einzelnen gebündelt angeordneten Körpern zu einer Verringerung des Nullwiderstands [30]. Um diesen Effekt erfassen zu können, ist die Einführung eines Korrekturfaktors $K_S$ erforderlich, der im Überschallbereich die Bezugsfläche des Trägersystems anpaßt. Dies geschieht über eine rechnerische Verringerung der Boosterquerschnittsfläche $A_0$, wodurch sich die aerodynamische Bezugsfläche $S$ während der Boosterbrennphase mit der Querschnittsfläche der Zentralstufe $A_1$ zu

$$S = A_0 \cdot K_S + A_1 \tag{4.11}$$

ergibt. Durch eine Auswertung der Daten für die Trägerfamilie ARIANE 4 [29] konnte der Korrekturfaktor mit der Flugmachzahl M zu

$$K_S = \frac{1}{\mathrm{M}^{0,4}} \tag{4.12}$$

bestimmt werden, dessen Einfluß in Abb. 4.5 für die beiden Trägersysteme ARIANE 42L und 44L dargestellt ist. Die Abweichungen im Bereich unterhalb des Schalldurchgangs werden durch einen Wert $K_S = 1$ für $\mathrm{M} < 1$ nicht berücksichtigt.

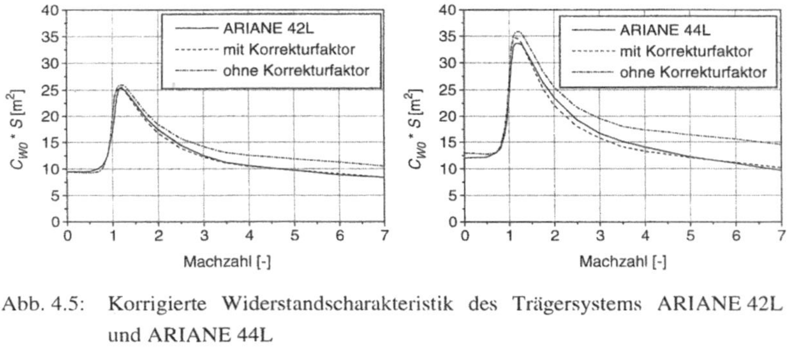


Abb. 4.5: Korrigierte Widerstandscharakteristik des Trägersystems ARIANE 42L und ARIANE 44L

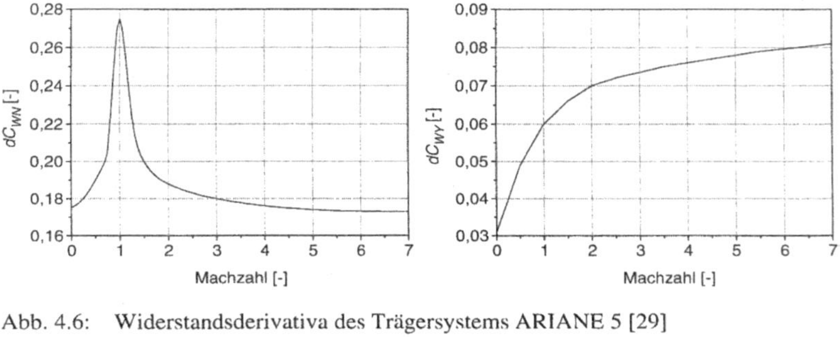


Abb. 4.6: Widerstandsderivativa des Trägersystems ARIANE 5 [29]

Die Erhöhung des aerodynamischen Widerstandes aufgrund von Anstell- und Schiebewinkeln größer null wird über Daten des Trägersystems ARIANE 5 abgeschätzt und ergibt sich gemäß Abb. 4.6.

Die aerodynamischen Kräfte lassen sich gemäß [31] im Geschwindigkeitsachsensystem (v) schreiben als

$$F_{x,v} = \cos\alpha \cdot \cos\beta \cdot W - \sin\beta \cdot Q - \sin\alpha \cdot \cos\beta \cdot A \tag{4.13a}$$

$$F_{y,v} = \cos\alpha \cdot \sin\beta \cdot W + \cos\beta \cdot Q - \sin\alpha \cdot \cos\beta \cdot A \tag{4.13b}$$

$$F_{z,v} = \sin\alpha \cdot W + \cos\alpha \cdot A\,. \tag{4.13c}$$

Die Wärmebelastungen während des Aufstiegs senkrecht startender, ballistischer Trägersysteme stellt grundsätzlich keine kritische Größe für das Trägersystem selbst dar. Jedoch gilt es, die empfindlichen Nutzlasten zum einen vor den mechanischen Belastungen durch aerodynamischen Kräfte, zum anderen vor zu großen Wärmelasten zu schützen. Die dazu mitgeführte Nutzlastverkleidung stellt jedoch nach Unterschreiten der kritischen Belastungen einen Ballast dar, der sobald wie möglich abgetrennt werden sollte. Da nicht die gesamte aus dem atmosphärischen Widerstand resultierende Energieverlustrate als Wärmestrom auf das Fahrzeug übertragen wird, ergibt sich der tatsächliche auf die Fläche bezogene Wärmestrom zu

$$\dot{Q} \le c_W \frac{\rho(h)}{2} v^3\,. \tag{4.14}$$

Für Kontinuumsströmungen im Hyperschallbereich gilt ein Widerstandsbeiwert von $c_W \approx 1$ [7], so daß sich der in [32] genannte Wert der maximal zulässigen Wärmestrombelastung von $\dot{Q} \le 1135$ W/m$^2$ für eine Staupunktströmung über die einfache Beziehung

$$\dot{Q} \le \frac{\rho(h)}{2} v^3 \tag{4.15}$$

ermitteln läßt [33].

#### 4.3.1.3 Gravitationskräfte

Die Gestalt der Erde kann gut durch ein Rotationsellipsoid mit dem Äquatorradius $r_E$ und dem Polradius $r_P$ angenähert werden. Damit ergibt sich für einen Punkt auf der Erdoberfläche der Radius mit der geographischen Breite $\delta$ zu

$$r = \frac{r_E}{\sqrt{1 + \left(\frac{r_E^2 - r_P^2}{r_P^2}\right) \cdot \sin^2 \delta}} . \tag{4.16}$$

Durch die ungleichmäßige Massenverteilung innerhalb der Erde wirken auf einen die Erde umkreisenden Körper nicht nur der radiale $G_r$, sondern auch die seitlichen Kraftanteile $G_\delta$ und $G_\lambda$, was sich bei längeren Betrachtungszeiträumen durch Bahnstörungen wie etwa der Regression der Knotenlinie bemerkbar macht. Für den relativ kurzen Zeitraum eines Trägeraufstiegs können jedoch die Anteile $G_\delta$ und $G_\lambda$ vernachlässigt werden, so daß sich die Gravitationskraft auf den radialen Anteil beschränkt. Dieser ergibt sich bei einer Entwicklung bis zum Koeffizienten $J_2$ der zonalen Gravitations-Harmonischen und dem Gravitationsparameter $\mu$ der Erde sowie dem mittleren Erdradius $r_m$ zu

$$G_r = \frac{\mu}{r}\left[1 + \frac{J_2}{2} \cdot \left(\frac{r_m}{r}\right)^2 \left(1 - 3 \cdot \sin^2 \delta\right)\right] . \tag{4.17}$$

Diese Beziehung gilt für einen Körper, der sich an einer Position mit dem radialen Abstand $r$ vom Erdmittelpunkt befindet [27].

Tab. 4.1: Physikalische Konstanten zur Beschreibung der Erdcharakteristik

| Größe | | Dim. | Wert |
|---|---|---|---|
| Erdradius am Pol | $r_P$ | [km] | 6356,611 |
| Erdradius am Äquator | $r_E$ | [km] | 6378,142 |
| mittlerer Erdradius | $r_m$ | [km] | 6367,376 |
| Gravitationskonstante der Erde | $\mu$ | [$m^3/s^2$] | $3{,}98601 \cdot 10^{14}$ |
| Winkelgeschwindigkeit der Erdrotation | $\omega$ | [rad/s] | $7{,}29211515 \cdot 10^{-5}$ |
| Koeffizient der zonalen Gravitations-Harmonischen | $J_2$ | [–] | $1{,}082634 \cdot 10^{-3}$ |

## 4.4 Randbedingungen der Aufstiegsbahn

Die Randbedingungen eines Trägeraufstieges sind primär durch die Anforderungen an den Zielorbit gekennzeichnet, der sich in Form einer Keplerbahn darstellen läßt. Im allgemeinen Fall beschreiben die Inklination $i$ und die Rektaszension des aufsteigenden Knotens $\Omega$ die Bahnebene, die große Halbachse $a$ und die Exzentrizität $e$ die Form der orbitalen Bahn. Das Argument des Perigäums $\omega_p$ definiert die Lage der Bahn in der gegebenen Ebene, während $\varphi$ in Form der wahren Anomalie die Position des Körpers auf der Bahn beschreibt. Im Rahmen der Untersuchungen erfolgt eine Beschränkung auf elliptische Orbits mit einer Exzentrizität kleiner 1. Weiterhin findet die Lage der Bahn innerhalb der Bahnebene, wie sie in der Praxis bei speziellen Anforderungen durch die Nutzlast (beispielsweise in Form einer bestimmten Zielposition bei geostationären Satelliten) gegeben ist, keine Berücksichtigung. Damit reduzieren sich die erforderlichen Größen zur Beschreibung der Bahn am Ende der Antriebsphase auf die Inklination, die Halbachse, die Exzentrizität sowie die wahre Anomalie.

### 4.4.1 Beziehungen zwischen Inertialsystem und rotierendem Koordinatensystem

Die Berechnung der Aufstiegsbahn erfolgt im erdfesten, mitrotierenden Koordinatensystem (j), die Größen der Zielbahn sind jedoch im Inertialsystem (i) zu betrachten. Um die Zustände am Ende der Antriebsbahn entsprechend beschreiben zu können, sind einige Transformationsbeziehungen erforderlich [27]. Der radiale Abstand $r$ vom Erdmittelpunkt sowie die geographische Breite $\delta$ sind in beiden Bezugssystemen identisch. Da an die Zielbahn keine spezielle Anforderung hinsichtlich der geographischen Länge $\lambda$ erhoben wird, ist in diesem speziellen Fall keine Umsetzung erforderlich. Die inertiale Geschwindigkeit ergibt sich zu

$$v_i = \sqrt{v^2 + 2 \cdot r \cdot \omega_E \cdot v \cdot \cos\delta \cdot \sin\chi \cdot \cos\gamma + \left(r \cdot \omega_E \cdot \cos\delta\right)^2}\,, \tag{4.18}$$

der inertiale Flugbahnwinkel zu

$$\gamma_i = \arcsin\left(\frac{v \cdot \sin\gamma}{v_i}\right) \tag{4.19}$$

sowie der inertiale Azimut zu

$$\chi_i = \arcsin\left(\frac{v \cdot \sin\chi \cdot \cos\gamma + r \cdot \omega_E \cdot \cos\delta}{v_i \cdot \cos\gamma_i}\right). \tag{4.20}$$

### 4.4.2 Anforderungen an den Brennschlußzustand

Die gewünschte Zielbahn der Nutzlast wird im Rahmen der Annahmen generell über eine antriebslose Übergangsbahn (Hohmannbahn) erreicht, an deren Ende im Apogäum ein Antriebsmanöver steht, um das Perigäum der Zielbahn entsprechend den Missionsanforderungen auf eine größere Höhe anzuheben. Der dazu erforderliche Antriebsbedarf wird jedoch nicht weiter betrachtet, da das erforderliche $\Delta v$ von der Nutzlast selbst aufzubringen ist. Die Trennung von der ausgebrannten Stufe erfolgt während der Freiflugphase.

Im Rahmen der Aufstiegsbahnberechnungen werden Inklination, Perigäums- und Apogäumshöhe vorgegeben und definieren damit die Zielbahn. Dagegen sind die Exzentrizität und die wahre Anomalie freie Größen innerhalb sinnvoller Grenzen, die im Rahmen der Optimierung derart bestimmt werden, daß die jeweilige Zielfunktion am besten erfüllt wird. Zum Zeitpunkt $t_e$ bei Brennschluß des Trägersystems sind zwei Beschränkungen für Exzentrizität und wahre Anomalie (Gl. (4.21) [7] und (4.22) [34]), jeweils eine für Perigäum (Gl. (4.23) [7]) und Apogäum (Gl. (4.24) [7]) sowie eine Inklinationsbeschränkung (Gl. (4.25) [31]) einzuhalten. Daneben existiert im Rahmen der Modellbildung eine Beschränkung für die Endmasse, die sich aus der Stufentrockenmasse, den Treibstoffresten, dem Nutzlastadapter sowie der Nutzlast selbst zusammensetzt (Gl. (4.26)).

$$r = \frac{a\left(1-\varepsilon^2\right)}{1+\varepsilon \cdot \cos\varphi} \tag{4.21}$$

$$\tan\gamma_i = \frac{\varepsilon \cdot \sin\varphi}{1+\varepsilon \cdot \cos\varphi} \tag{4.22}$$

$$r_{Peri} = \frac{\gamma_g m_E \cdot r(1-\varepsilon)}{2 \cdot \gamma_g m_E - r \cdot v_i^2} \tag{4.23}$$

$$r_{Apo} = \frac{\gamma_g m_E \cdot r(1+\varepsilon)}{2 \cdot \gamma_g m_E - r \cdot v_i^2} \tag{4.24}$$

$$\cos i = \cos\delta \cdot \sin\chi_i \tag{4.25}$$

$$m_{BS} = m_{Core} + m_{TS,rest} + m_{adapter} + m_{NL} \tag{4.26}$$

Im Unterschied zu [27] oder [35] erlaubt diese Art der Randbedingungen nicht nur horizontale Brennschlußbedingungen, sondern nahezu jeden Bahnwinkel, wenn es das Kostenfunktional unter dem Optimalitätsaspekt erfordern sollte. Während sich bei niederen Zielbahnen analog zu den oben aufgeführten Arbeiten ein Brennschlußbahnwinkel $\gamma$ von null einstellt, sind für größere Apogäumshöhen – insbesondere geostationäre Transferbahnen – im allgemeinen größere Bahnwinkel optimal.

## 4.5 Beschränkungen der Aufstiegsbahn

Während des Trägeraufstiegs wirken unterschiedliche Belastungen auf das Startgerät und die Nutzlast ein. In erster Linie werden sie durch die Atmosphäre und den Triebwerksschub verursacht. Die Wärmebelastung spielt dabei nur eine untergeordnete Rolle, die, wie bereits weiter oben beschrieben, vernachlässigt werden kann. Beachtung muß dagegen aber dem auftretenden Staudruck geschenkt werden, da er für die Struktur des Trägersystems eine zusätzliche Belastung bedeutet. Eine Beschränkung des auftretenden Staudrucks während des Aufstiegs ist durch die Wahl alternativer Flugpfade nur in geringem Maße möglich. Insbesondere unter dem Eindruck der ohnehin geringen Nutzlastfaktoren sind hier sehr enge Grenzen gesetzt. Alternativ können durch eine entsprechende Bauweise der Struktur die erhöhten Belastungen aufgenommen werden. Dieses Vorgehen ist aber nur innerhalb gewisser Grenzen sinnvoll, da sich die ergebenden höheren Strukturmassen negativ auf die Nutzlastkapazität auswirken. Zudem ist durch das derzeitige Fehlen eines belastungsabhängigen Strukturmassenmodells geringer Komplexität eine Einbeziehung des maximal auftretenden Staudrucks in die Fahrzeugauslegung erschwert. Die dritte Möglichkeit zur Vermeidung zu hoher Belastungen durch den Staudruck besteht in der Drosselung der Triebwerke, was jedoch durch den damit verbundenen erhöhten Aufwand in einer Zunahme der Triebwerksmasse resultiert.

In der Praxis liegen die Werte des maximalen Staudrucks um 30 kPa, wobei die Strukturbauweise des jeweiligen Trägersystems unter Berücksichtigung der Sicherheitsfaktoren den exakten Grenzwert vorgibt. Im Rahmen der durchgeführten Modellierung wird der Staudruck zwar verfolgt, jedoch erfolgt keine Drosselung der Triebwerke im maximalen Bereich. Diese Einschränkung wurde mit Hinblick auf eine deutlich höhere Rechengeschwindigkeit getroffen. Dieses Vorgehen erscheint zulässig, wenn man bedenkt, daß die auftretenden maximalen Staudrücke für sinnvolle Trägermissionen bei optimaler Fahrzeugauslegung den Wert von 30 kPa nicht weit überschreiten. Somit würden zusätzliche Maßnahmen zur Verstärkung der Struktur nur in einer kleinen Größenordnung zu Buche schlagen, die durch das zugrundegelegte Massenmodell nicht erfaßt werden könnten. Weiterhin haben Untersuchungen im Rahmen von [36] ergeben, daß eine Drosselphase zur Vermeidung zu hoher Staudrücke sich nur minimal auf die Nutzlastkapazität eines Trägersystems auswirkt, solange sich der Zeitrahmen der Drosselung nicht über einen deutlich ausgedehnten Bereich erstreckt.

Eine weitere Beschränkung während einer Aufstiegsbahn ist die Beschleunigung $a$, die einen maximal zulässigen Wert $a_{max}$ nicht überschreiten darf. Sie stellt sich mit der Summe aller Kräfte $F$ aus dem Triebwerksschub $F_R$ und den aerodynamischen Kräften nach Gl. (4.7) und (4.9) in der Form

$$a_{\max} \geq a = \frac{\sum F}{m} \tag{4.27}$$

dar. Da diese Beschränkung erst im Bereich der höheren Atmosphärenschichten auftritt, besitzen die aerodynamische Kräfte nur einen geringen Einfluß. Die Einhaltung dieser Beschränkung erfolgt durch eine konstante Drosselung der jeweiligen Triebwerke derart, daß am Ende der jeweiligen Drosselphase gerade der maximale Beschleunigungswert erreicht wird. Auf einen variablen Drosselgrad wurde auch hier zugunsten von Rechenzeitvorteilen verzichtet, wobei auch zu bedenken ist, daß in der Praxis eine variable Drosselfähigkeit in einem erhöhten Massenaufwand sowie erhöhter Triebwerkskomplexität resultiert. Eine weitere Möglichkeit der Drosselung von Trägersystemen besteht in der gleichzeitigen Abschaltung von einem oder mehreren Triebwerken einer Stufe, wobei aus Stabilitätsgründen die Abschaltung symmetrisch zur Raketenlängsachse erfolgen muß. Bei Zentral- bzw. Oberstufen mit nur einem Triebwerk kann diese Art der Drosselung nicht verwirklicht werden. Die Beschleunigungsgrenze wurde für alle untersuchten Trägersysteme auf das 4,5-fache der Gravitationsbeschleunigung $g_0$ festgesetzt.

## 4.6 Optimierung

Zur Abschätzung der Transportleistungen zukünftiger Raumfahrtträgersysteme ist eine optimierte Aufstiegsbahnbetrachtung unerläßlich, da die im Bereich der Raumfahrt vorliegenden geringen Nutzlastfaktoren bereits bei kleinen Auslegungsvariationen zu signifikanten Auswirkungen auf die Endmasse führen können. Insbesondere die Effekte durch Atmosphäre und Gravitationsfeld der Erde können bei einfachen Betrachtungen auf der Basis der Raketengrundgleichung nur grob erfaßt werden, obwohl Ansätze zur Abschätzung der Gravitations- und Widerstandsverluste sowie von Schubverlusten bedingt durch den Umgebungsdruck, wie sie u.a. in [1] beschrieben werden, im Bereich der grundlegenden Missionsauslegung durchaus sinnvoll sind und ihre Berechtigung haben. Im Rahmen der vorliegenden Arbeit wurde auf ein numerisches Optimierungsverfahren zurückgegriffen, das es ermöglicht, die jeweils aktuell auftretenden Kräfte zu erfassen und bei der Optimierung der Aufstiegsbahntrajektorie zu berücksichtigen.

Das gestellte Problem dieser Untersuchung besteht in der Betrachtung unterschiedlicher Methoden der Parallelstufung von Trägersystemen sowie dem Vergleich mit tandemgestuften Systemen. Damit eng verbunden ist die Forderung nach einer optimalen Stufenaufteilung nicht nur bei der Verwendung gleicher Treibstoffarten. Spezielle Programme wie [35] mit einer Ausrichtung auf die Optimierung der Nutzlastmasse bei Vorgabe der Startbedingungen in Form von Treibstoff- und Stufenleermassen sind aus diesem Grunde ungeeignet. Deshalb wurde auf ein Optimierungspaket zurückgegriffen, das es ermöglicht, bei der Modellierung des Problems die entsprechenden freien Größen derart anzupassen, daß die zu optimierende Größe in Form des Kostenfunktionals den jeweils optimalen Wert erreicht. In dieses Optimierungspaket sind mit TROPIC und PROMIS zwei Optimierungsalgorithmen eingebunden, von denen der erste eine Optimierung unter Verwendung der direkten Kollokationsmethode ermöglicht, der zweite auf der Basis der Mehrzielmethode arbeitet ([37] bis [40]). Für eine detaillierte Beschreibung der numerischen Verfahren sei an dieser Stelle auf [37] verwiesen. Im Rahmen der Modellierung des Aufstiegsbahnproblems hat sich PROMIS als das etwas robuster implementierte Verfahren gezeigt, was dazu führte, daß trotz der etwas längeren Rechenzeiten alle Optimierungsprobleme im Rahmen dieser Arbeit über diese Methode gelöst wurden. Diese Entscheidung erfolgte auch vor dem Hintergrund, daß die Autoren in [37] keine Präferenz für eine bestimmte Methode mit Hinblick auf das hier zu lösende Optimierungsproblem geben.

### 4.6.1 Unterteilung der Aufstiegsbahn

Grundsätzlich sind während des Aufstiegs eines ballistischen Trägersystems unterschiedliche Flugphasen zu beobachten. Im ersten Abschnitt gibt es die Möglichkeit der Schwerkraftwendung in Form eines anstell- und schiebewinkelfreien Flugs durch die unteren Atmosphärenschichten, sowie als Alternative die Steuerung mit Winkeln größer null. Bei Vergleichsbetrachtungen im Rahmen der Modellierung zeigt sich, daß sich bei einer Steuerung über den Anstellwinkel etwas größere Nutzlasten in die Zielbahn transportieren lassen. Der Flugbahnwinkel ist in diesem Fall im ersten Bahnabschnitt etwas größer gegenüber der Schwerkraftwendung, wodurch die dichteren Atmosphärenschichten früher verlassen werden können und sich somit die Widerstands- und Gravitationsverluste verringern. Erkauft werden muß dies aber mit teilweise nicht unerheblichen zusätzlichen aerodynamischen Belastungen in Form von Querkräften und Biegemomenten, die beim extremen Leichtbau von Trägerraketen nicht vernachlässigt werden dürfen. Aus diesem Grund wird für das weitere Vorgehen im ersten Flugabschnitt bis zum Brennschluß der Booster bei parallelgestuften bzw. der Unterstufe bei tandemgestuften Geräten die Schwerkraftwendung eingesetzt. Im zweiten Flugabschnitt erfolgt eine Steuerung über den Anstellwinkel, wobei der stets in Raketenlängsachse wirkende Triebwerksschub die Aufgabe der Steuerung des Trägersystems übernimmt. Dazu erfolgt die Bestimmung des Anstellwinkels über eine Variation an mehreren Stützstellen, die untereinander linear in Form eines Polygonzugs verbunden sind.

Zur numerischen Behandlung der Aufstiegsbahn unter Verwendung des angesprochenen Optimierungsverfahrens ist eine weitere Differenzierung erforderlich. Die Aufstiegsmission wird in verschiedene Phasen aufgeteilt, die jeweils einem Bereich gleichbleibender Modellierung entsprechen. Für einen Parallelstufer mit der Zündung aller Triebwerke am Boden ergibt sich damit folgende Aufteilung:

1. Phase: Abheben vom Startplatz mit einem senkrechten Aufstieg bis zum Zeitpunkt $t = 10$ s [32]. Es erfolgt keine Änderung des Flugbahnwinkels und des Azimuts.

2. Phase: Schwenkmanöver zum Einleiten der Schwerkraftwendung bis zum Zeitpunkt $t = 20$ s [32]. Die Winkelgeschwindigkeit des Abkippens ist ein freier Parameter, der entsprechend optimal durch das numerische Verfahren ermittelt wird.

3. Phase: Beschleunigung des Trägersystems unter den Bedingungen der Schwerkraftwendung bis zum Erreichen der Beschleunigungsgrenze.

4. Phase: Drosselung der Boostertriebwerke um einen konstanten Faktor $0 < \mu \leq 1$ derart, daß bei Boosterbrennschluß die maximale Beschleunigungsgrenze erreicht wird. Dieser Faktor wird durch das Optimierungsverfahren ermittelt.

5. Phase: Trennung der leergebrannten Booster und Einsetzen der Anstellwinkelsteuerung. Das Ende der Phase ist definiert durch das Erreichen des Grenzwertes des Wärmestroms ($\dot{Q} \leq 1135$ W/m$^2$) mit Abwurf der Nutzlastverkleidung.

6. Phase: Aufstieg der Zentralstufe unter Vollschub bis zum Erreichen der Beschleunigungsgrenze.

7. Phase: Drosselung der Zentralstufe um einen konstanten Faktor analog Phase 3.

Im Rahmen der Modellierung sind die Randbedingungen zum Ende der Phasen 3, 5 und 6 als Ungleichheitsbedingungen ausgeführt. Dies ermöglicht auch eine Untersuchung von Trägersystemen, welche die Bedingungen nicht oder nicht in optimaler Weise erreichen, ohne die Modellierung ändern zu müssen. Zur Betrachtung einer Ausfahrdüse oder einer Höhenzündung der Zentralstufe wird nach der 2. Phase eine weitere Aufstiegsphase eingefügt, deren Ende durch die Höhe beim Ausfahren der Düsenerweiterung bzw. die Zündungshöhe definiert ist. Diese Beschränkung in Form einer Höhenbegrenzung im Gegensatz zu einer zeitlichen Begrenzung ermöglicht eine definierte Betrachtung des einzusetzenden Triebwerkes unter Beachtung der entsprechenden Randbedingungen. Diese sind insbesondere bei der Wahl des Düsenöffnungsverhältnisses unter Berücksichtigung des Umgebungsdrucks zu beachten.

### 4.6.2 Zielfunktion

Die Zielfunktion der Optimierung wird entsprechend der Modellierung minimiert oder maximiert. Einen der Schwerpunkte beim Entwurf von mehrstufigen Trägersystemen stellt die optimale Aufteilung der Treibstoffmassen bei der Anforderung einer definierten Nutzlastmasse dar. Diese Treibstoffaufteilung geschieht unter Berücksichtigung der Leistungscharakteristik der einzelnen Stufen, welche durch das Triebwerk und die Massenannahmen bestimmt werden. Im Rahmen der Modellierung sind die Treibstoffmassen freie Parameter, die entsprechend ermittelt werden, um eine vorgegebene Nutzlast optimal in den Zielorbit zu transportieren. Die Zielfunktion besteht in diesem Fall in der minimalen Startmasse des Trägersystems. Durch die Implementierung des Massenmodells für die Trägersystemstrukturen erfolgt diese Optimierung unter Berücksichtigung der u.a. von Treibstoffart, Treibstoffmasse oder Startmasse beeinflußten Subsystemmassen. Das Ziel der minimalen Startmassen wurde ausgewählt, da sich beim Trägervorentwurf grundsätzlich die Frage nach dem geringsten Verhältnis von Aufwand zu Nutzen stellt, das sich in einem ersten, groben Ansatz durch den Wachstumsfaktor in Form des Verhältnissen von Startmasse / Nutzlastmasse ergibt. Die Schwächen dieses Ansatzes liegen in den unterschiedlichen Charakteristiken der verwendeten Treibstoffarten, insbesondere bei einer gemischten Verwendung von flüssigen und festen Treibstoffen.

Neben der Zielfunktion in Form der minimalen Startmasse bei gegebener Nutzlastmasse wird eine alternative Modellierung bereitgestellt. Unter Einbeziehung des Massenmodells wird bei vorgegebenen Treibstoffmassen die maximale Nutzlastmasse in den gewünschten Zielorbit ermittelt. Diese Modellierung kommt bei Untersuchungen eines einstufigen Transportsystems zum Einsatz.

Zu Beginn der Untersuchungen stand eine Modellierung analog [35], bei der unter Vorgabe definierter Treibstoff- und Brennschlußmassen der jeweiligen Stufen die maximale Nutzlastkapazität eines Trägersystems in die entsprechende Zielbahn ermittelt wird. Diese Modellierung diente der Verifikation der Ansätze sowie des Optimierungsverfahrens und zeigte eine gute Übereinstimmung mit den Ergebnissen anderer Verfahren [35] bei der Nachrechnung vorgegebener Träger ([41] bis [45]).

# 5 Kostenmodell

Waren in den Anfängen der Raumfahrt und insbesondere unter dem Eindruck politischer Konfrontation die rein technologischen Gesichtspunkte bei Entwicklungen bestimmend, so kommt dem finanziellen Aspekt in neuerer Zeit – insbesondere unter dem Eindruck knapper werdender finanziellen Ressourcen – ein hoher Stellenwert zu. Neben dem Wachstumsfaktor, der in gewissem Rahmen ein technologisches Maß für den Transportaufwand einer Nutzlast darstellt, gewinnt die Betrachtung der spezifischen Transportkosten einen hohen Stellenwert und muß bei der Entwicklung neuer Trägersysteme berücksichtigt werden. Grundsätzlich ist jedoch die Abschätzung der Kosten eines neuen Trägersystems mit großen Problemen behaftet, da sich die Konfigurationen zum Teil deutlich voneinander unterscheiden und unterschiedliche Ansätze zur Beschreibung erforderlich machen. Eine Möglichkeit besteht durch den Einsatz eines Kostenmodells, das auf der Basis statistischer Auswertung und Korrelation vorhandener Daten beruht. Das hierzu entwickelte und im Rahmen dieser Arbeit verwendete Modell TRANSCOST ([46], [47]) eignet sich vor allem für einen relativen Vergleich der untersuchten Trägersysteme; eine absolute Betrachtung ist aufgrund großer Unsicherheiten problematisch. Als Zwischenergebnis liefert das Modell den jeweiligen Aufwand in Form von Mannjahren (MY), die sich unabhängig vom betrachteten Zeitraum darstellen lassen. Die in dieser Arbeit präsentierten absoluten Ergebnisse in Form von US$ sind auf der Basis der 1993 geltenden Kosten für ein Mannjahr ermittelt worden [47].

Das TRANSCOST-Modell unterscheidet in seiner Auslegung nach den drei primären Kostengruppen des Entwurfs, der Produktion und des Betriebs, wobei die jeweiligen programmbegleitenden Aufwendungen durch einen Korrekturfaktor erfaßt werden. Zur Ermittlung des Entwicklungs- und Produktionsaufwandes wird bei der Verwendung flüssiger Treibstoffe zwischen den Baugruppen Struktur und Triebwerk unterschieden, Feststoffstufen werden als eine Einheit betrachtet.

Der Entwicklungsaufwand $E$ wird über eine Abschätzung der Form

$$E = f_0 \sum_i \left( a_i \cdot M_i^{b_i} \cdot f_1 \cdot f_2 \cdot f_3 \right) \quad (5.1)$$

mit der Subsystemanzahl $i$ ermittelt. Haupteinflußfaktor ist die jeweilige Subsystemmasse M, welche mit den Korrelationsfaktoren $a_i$ und $b_i$ an die vorhandene Datenbasis angepaßt wird. Die Faktoren $f_1$, $f_2$ und $f_3$ dienen zur Beschreibung des Entwicklungsstandes, der technischen Qualität sowie der Teamerfahrung der Entwicklungsmannschaft. Der zusätzliche Anteil entwicklungsbegleitender Ausgaben in Form von Verwaltungsaufgaben wird über $f_0$ abgeschätzt und mit 10 % der reinen Entwicklungskosten angesetzt. In Abb. 5.1 ist stellvertretend auch für andere Subsysteme der Ansatz für Verluststufen bei einer Verwendung flüssiger Treibstoffe dargestellt.

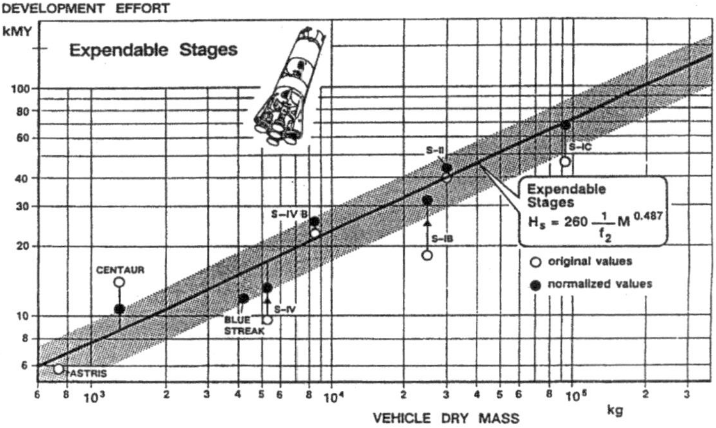


Abb. 5.1: Entwicklungsaufwand für konventionelle Verluststufen [47] (Abbildung mit freundlicher Genehmigung von D.E. Koelle)

Die Unterschiede zwischen den Originalwerten und den normierten Werten in Abb. 5.1 entstehen durch die Berücksichtigung der oben beschriebenen Faktoren $f_1$ bis $f_3$ für die gezeigten zugrundeliegenden Stufen. Durch ihre Bestimmung ist die Angabe einer allgemein gültigen Korrelationskurve zur Ermittlung des normierten Entwicklungsaufwandes möglich.

Der gesamte Produktionsaufwand eines Trägersystems stellt sich in der Form

$$P_{ges} = f_0^N \left( \sum_{n_S} P_S + \sum_{n_{TW}} P_{TW} \right) \tag{5.2}$$

dar. Der Faktor $f_0$ beschreibt den zusätzlichen Aufwand für die Integration der $N$ Stufen und abschließenden Tests am gesamten Gerät und ergibt sich zu 1,02 [46]. Der Produktionsaufwand eines einzelnen der jeweils $n$ identischen Subsysteme resultiert mit dem Lernfaktor $f_4$ zu

$$P_i = a_i \cdot M^{b_i} \cdot f_4 \,. \tag{5.3}$$

Der reine Betriebsaufwand für ballistische Verlustsysteme setzt sich aus dem direkten und dem indirekten Operationsaufwand zusammen. Dabei umfaßt der direkte Operationsaufwand die Anlieferung und Behandlung des Trägersystems am Startort, die Start- und Missionskontrolle sowie die Treibstoffkosten. Der indirekte Operationsaufwand besteht unter anderem in programmbegleitenden Ausgaben und dem Unterhalt der Startanlagen. Für eine detailliertere Beschreibung sowie die Ansätze zur Erfassung des jeweiligen Aufwandes sei an dieser Stelle auf [46] verwiesen.

# 6 Parallelgestufte Trägersysteme

## 6.1 Grundsätzliche Betrachtungen

### 6.1.1 Begriffsdefinition

So eindeutig die Definition der Parallel- und Tandemstufung in der Theorie ist [1], so verschwommen sind jedoch in der Praxis die Abgrenzungen. Bereits bei einer Zentralstufe, welche mit einer Oberstufe ausgestattet ist, handelt es sich partiell um ein tandemgestuftes Gerät, das jedoch gemeinhin durch das Vorhandensein großer Booster als Parallelstufer bezeichnet wird. Als Beispiel seien hier das zukünftige europäische Trägersystem ARIANE 5 genannt, aber auch etwa TITAN 3C oder die japanische H-II fallen in diesen Bereich. Etwas komplexer wird es beim Konzept des amerikanischen SPACE SHUTTLE, das zusätzlich zu den parallel angeordneten Feststoffmotoren den Aspekt der Tankstufung beinhaltet. Bei der Verwendung einer im Laderaum mitgeführten IUS als Oberstufe wird die Stufungsart nahezu unbeschreibbar, insbesondere da es sich für die eigentliche Nutzlast durch das temporäre Erreichen des Kreisbahnorbits der SHUTTLE-Bahn um eine „ausgeartete" Aufstiegsbahn im herkömmlichen Sinn handelt. Bei einer Betrachtung des so ähnlichen Raumtransporters BURAN entfällt der Aspekt der Tankstufung, hier handelt es sich ohne Verwendung einer mitgeführten Oberstufe um eine reine Parallelstufung, bei der durch das Verlagern der Triebwerke in die Zentralstufe aus dem Orbiter ein reiner Nutzlastbehälter mit Manövertriebwerken entstand.

Die oftmals durchgeführte Übersetzung der Bezeichnung „Booster" in das deutsche Wort „Starthilfsraketen" offenbart als weiteres Definitionsproblem das der Größenabgrenzung. Bei großen Boostern, wie sie bei ARIANE 5, TITAN 3C oder dem SPACE SHUTTLE Verwendung finden, kann sicherlich von einer Stufe gesprochen werden, wobei die Bezeichnung eine parallele Anordnung impliziert. Auf der anderen Seite besitzen die in ARIANE 3 oder 4 verwendeten Booster nicht die Eigenschaft, die in einem ersten Ansatz von einer Stufe erwartet werden: Sie sind ohne Unterstützung der Zentralstufe nicht in der Lage, den erforderlichen Startschub für das gesamte Trägersystem zu erzeugen, sondern haben vielmehr die primäre Aufgabe, den Startschub zu erhöhen. Teilweise wird für solche Konfigurationen sogar die Bezeichnung einer „halben“ Stufe eingeführt. Auch bei solchen Anordnungen existieren in der Praxis mehrere Variationen, angefangen von gleichartigen Treibstoffen (z.B. ARIANE 3, ARIANE 44L) über unterschiedliche Treibstoffkombinationen (ARIANE 44LP) mit unterschiedlichen Brenndauern bis hin zu Feststoffboostern, die partiell in Tandemfolge brennen (DELTA).

Den Aspekt einer Triebwerksstufung, wie sie beim ATLAS-Trägersystem verwirklicht wurde, kann man theoretisch ebenfalls auf einen entarteten Fall der Parallelstufung zurückführen, bei dem sich die Booster lediglich auf Triebwerke reduzieren, die zu einem geeigneten Zeitpunkt vom Trägersystem abgetrennt werden. Der erforderliche Treibstoff wird dabei aus der Zentralstufe entnommen.

Diesen in der Praxis umgesetzten vielfältigen Möglichkeiten der Stufung lassen sich noch etliche theoretische Überlegungen hinzufügen, so daß sich zwangsläufig die Forderung nach einer Beschränkung des zu untersuchenden Feldes der Parallelstufung ergibt. In der vorliegenden Arbeit reduzierte sich deshalb der Betrachtungsraum auf Trägersysteme, die aus einer Zentralstufe mit leistungsfähigen Boostern bestehen, wobei letztere die Aufgaben einer vollwertigen Stufe übernehmen. Weitere Oberstufen sind nicht vorgesehen, da sich die Transportaufgaben in den geforderten LEO-Zielorbit mit einem zweistufigen System ausreichend erfüllen lassen.

### 6.1.2 Untersuchte Konfigurationen sowie weiteres Entwicklungspotential

In der Praxis sind zwei konzeptionell unterschiedliche Anordnungen bei Raketenträgern verwirklicht, die Tandem- und die Parallelstufung. Während bei einem Tandemstufer relativ wenig Flexibilität hinsichtlich der Missionsdurchführung gegeben ist, besitzt der Parallelstufer aufgrund seiner geometrischen Anordnung ein deutlich größeres Potential für Modifikationen. Das Hauptaugenmerk dieser Arbeit wurde auf folgende Punkte gelegt:

- Die Möglichkeit einer Zündung der Zentralstufe bereits am Boden führt zu einem höheren gesamten Startschub, der eine Verringerung der Gravitationsverluste mit sich bringt. Durch den größeren Startschub ist andererseits auch eine Erhöhung der

Anfangsmasse möglich, die sich durch eine höhere Treibstoffzuladung in einer größeren Nutzlastmasse niederschlagen kann. Bei einer Zündung in größeren Höhen besteht die Möglichkeit der Anpassung der Düsengeometrie an die veränderten Umgebungsbedingungen mit dem Resultat eines höheren spezifischen Vakuumimpulses.

- Verwendung einer ausfahrbaren Düsenerweiterung, die jeweils beide Vorteile des vorangegangenen Aspekts vereint. Es wird ein maximaler gesamter Startschub bereitgestellt und gleichzeitig bei Betrieb der Düsenerweiterung ein hoher spezifischer Impuls im Vakuumbetrieb gewährleistet.

- Ein Nachteil der Zündung der Zentralstufe bereits beim Start besteht in der höheren Leermasse der Stufe, die vom gesamten Treibstoffvorrat bestimmt wird. Abhilfe besteht in der Möglichkeit, den in der Anfangsphase vom Zentralstufentriebwerk benötigten Treibstoff nicht aus der Zentralstufe zu entnehmen, sondern aus den parallel angeordneten Booster zu fördern („Crossfeed") [2]. Diese Möglichkeit ist jedoch in ihrer einfachen Version nur bei gleichen Treibstoffen in Boostern und Zentralstufe möglich. Eine weitere Differenzierung dieses Verfahrens, bei dem le-

Tab. 6.1: Betrachtete Konfigurationen parallelgestufter Trägersysteme

| **Booster** | **Zentralstufe** | | | |
|---|---|---|---|---|
| **Treibstoff-kombination** | **Treibstoff-kombination** | **Zündungs-höhe** | **Düsen-konfig.** | **Treibstoff-förderung** |
| $LO_2$ / $LH_2$ | $LO_2$ / $LH_2$ | Boden | Normal | Normal |
| | | | | Crossfeed |
| | | | Ausfahrdüse | Normal |
| | | | | Crossfeed |
| | | Höhe | Normal | Normal |
| | | | | Crossfeed |
| $LO_2$ / RP1 | $LO_2$ / $LH_2$ | Boden | Normal | Normal |
| | | | Ausfahrdüse | |
| | | Höhe | Normal | |
| Feststoff | $LO_2$ / $LH_2$ | Boden | Normal | Normal |
| | | | Ausfahrdüse | |
| | | Höhe | Normal | |

diglich eine Treibstoffkomponente umgepumpt wird, ist grundsätzlich möglich, wird jedoch im Rahmen der vorliegenden Betrachtung nicht weiter untersucht.

Daraus ergeben sich die in Tab. 6.1 aufgeführten Trägersystemkombinationen, wie sie detaillierter untersucht werden.

Neben diesen Möglichkeiten bietet eine parallele Anordnung der Stufen in vielen Fällen größere Entwurfsspielräume gegenüber einer Tandemanordnung. Als Beispiel sei bei Einbringung von Wiederverwendungstechnologien – insbesondere unter dem Aspekt einer geflügelt zurückkehrenden Unterstufe – die aerodynamisch optimale Ausbildung der Frontpartie genannt. Hier sind bei einer Parallelanordnung die Randbedingungen deutlich weiter gesteckt als bei tandemgestuften Systemen.

Die erwähnten Überlegungen sollen nur ein Ausschnitt aus dem weiten Feld der Möglichkeiten sein und können sicherlich noch, speziell bei Detailbetrachtungen, weiter fortgeführt werden.

### 6.1.3 Randbedingungen der Transportmission

Tab. 6.2: Daten des europäischen Weltraumbahnhofs in Kourou (franz. Guyana)

| | |
|---|---|
| Geographische Länge | - 52,776 [°] |
| Geographische Breite | 5,232 [°] |
| Höhe über NN | 0 [m] |

Um zu vergleichbaren Resultaten zu gelangen, ist die Festlegung eines einheitlichen Missionsmodells erforderlich. Dazu soll der Transport in eine niedere Erdumlaufbahn betrachtet werden. Als Zielorbit wurde die Bahn der ursprünglich geplanten internationalen Raumstation FREEDOM mit einer Inklination $i = 28{,}5°$ und einer Bahnhöhe von h = 463 km ausgewählt. Diese Bahn wird jedoch von den Trägersystemen nicht direkt angeflogen, vielmehr wird die Nutzlast in einem Transferorbit mit einer Perigäumshöhe von 120 km ausgesetzt. Die Zirkularisierung der Nutzlast beim Erreichen der Apogäumshöhe ist Aufgabe dieser selbst. Dieses Vorgehen bietet den Vorteil, daß die ausgebrannten Zentralstufen durch die relativ niedrige Perigäumshöhe im Laufe der Zeit durch die dort vorhandene Restatmosphäre abgebremst werden können, beim Wiedereintritt verglühen und somit für erdnahe Umlaufbahnen keine weitere Umweltbelastung erfolgt. Der Startort für alle untersuchten Trägersysteme ist der europäische Weltraumbahnhof in Kourou (Tab. 6.2).

Der Aufstieg des Trägersystems erfolgt innerhalb einer Bahnebene ohne seitliche Schubkräfte. Zum Erreichen der vorgegebenen Zielbahn wird daher der Startazimut $\chi_0$ als freier Parameter durch die Optimierung festgelegt. Dieses Vorgehen bietet deutliche Geschwindigkeitsvorteile bei den Rechenläufen, ohne daß sich die Leistungsfähigkeit signifikant ändert [27]. Die Begründung der nahezu identischen Transportleistungen liegt darin, daß ein Schubanteil, der nicht in Flugrichtung wirkt, als Lenkungsverlust betrachtet werden muß. Daraus erhebt sich die Forderung, diese Verluste möglichst gering zu halten und die bei einem Start in östlicher Richtung erforderlichen Azimutänderungen bei niedrigen Flugkörpergeschwindigkeiten durchzuführen. Die resultierenden Lenkungsverluste kommen nahezu dem beim Aufstieg in einer Bahnebene verlorengegangenen Anteil des Rotationsgewinns gleich.

## 6.2 Booster mit Treibstoffkombination $LO_2/LH_2$

Die Treibstoffkombination mit flüssigem Sauerstoff ($LO_2$) als Oxidator und flüssigem Wasserstoff ($LH_2$) als Brennstoff vereint den Vorteil eines hochenergetischen Zweistoffsystems mit dem der guten ökologischen Verträglichkeit. Als Nachteile müssen allerdings auch die bereits im Kapitel der Massenmodellierung angesprochenen höheren Strukturmassen, bedingt durch die geringe Dichte von $LH_2$, sowie die bei beiden Treibstoffkomponenten stark kryogenen Eigenschaften genannt werden. Bei Stufen, welche die letzte Transportphase der Nutzlast übernehmen, sollte aus energetischen Gründen grundsätzlich diese Treibstoffkombination zum Einsatz kommen [1], falls keine zwingenden operativen Forderungen wie z.B. Lagerfähigkeit der Treibstoffe bestehen. Aus diesem Grund findet dieser Treibstoff grundsätzlich in allen Zentralstufen der untersuchten Trägersysteme Verwendung. Die Leistungsfähigkeit und Umweltverträglichkeit zusammen mit dem Aspekt der einfacheren Handhabung des Trägersystems bei der Verwendung von nur einer Treibstoffkombination war der Grund für die Wahl als Boostertreibstoff der in diesem Abschnitt vorgestellten Konfiguration.

## 6.2.1 Triebwerksauswahl

Tab. 6.3: Auslegungsparameter des betrachteten $LO_2/LH_2$-Nebenstromtriebwerks (Basisdaten des VULCAIN-Triebwerks)

| Triebwerkszyklus | Nebenstrom mit Regenerativkühlung | |
|---|---|---|
| Treibstoff | $LO_2/LH_2$ | |
| Brennkammerdruck $p_c$ | 105 | [bar] |
| Totaler Massenstrom $\dot{m}_{tot}$ | 255 | [kg/s] |
| Totales Mischungsverhältnis $\Phi_{tot}$ | 5,3 | [-] |
| Brennkammermischungsverhältnis $\Phi_c$ | 6,2 | [-] |

Als Zentralstufentriebwerke kommen solche mit der Charakteristik des für die kryogene Zentralstufe H155 des europäischen ARIANE 5-Trägersystems vorgesehenen VULCAIN-Triebwerks zur Verwendung. Die bei einer Modellierung erhaltenen Leistungswerte stimmen nahezu mit den Industriedaten überein, jedoch kann eine geringe zusätzliche Leistungssteigerung durch ein etwas größeres Öffnungsverhältnis erzielt werden. Unter Berücksichtigung des Summerfield-Kriteriums ergibt sich bei Bodenbedingungen ein maximaler Wert von $\varepsilon = 49$. Als weiterer Unterschied zu den Industrieangaben wird das zugrundegelegte Triebwerk mit Regenerativkühlung unter dem Aspekt gleicher Basistriebwerke in allen untersuchten Trägersystemen betrachtet. Die betrachtete Ausfahrdüsenvariante wäre mit Dumpkühlung nicht oder nur sehr schwierig zu verwirklichen, da der ausfahrbare Düsenabschnitt zur Vermeidung von verlustbehafteten Verdichtungsstößen möglichst nahtlos den Primärdüsenteil fortsetzten sollte. Die untersuchten $LO_2/LH_2$-Booster sind mit dem gleichen Basistriebwerk (Tab. 6.3) ausgestattet, erhalten aber Düsen mit anderem Öffnungsverhältnis.

## 6.2.2 Öffnungsverhältnis der Boostertriebwerke

Der Gesamtschub eines Triebwerks ergibt sich mit dem Massendurchsatz $\dot{m}$, der mittleren Ausströmgeschwindigkeit $c$, den Düsenend- und Umgebungsdrücken $p_e$ und $p_a$ sowie der Düsenendfläche $A_e$ zu

$$F = \dot{m}c + (p_e - p_a)A_e . \qquad (6.1)$$

Darin wird der erste Term als Impulsanteil, der zweite Term als Druckanteil am Gesamtschub bezeichnet. Den maximalen Schub erhält man jeweils mit einer angepaßten Düse bei gleichen Druckanteilen ($p_e = p_a$). Für Triebwerke, die nicht ausschließlich unter Vakuumbedingungen arbeiten, ist das Öffnungsverhältnis jeweils so anzupassen, daß sich entlang der Aufstiegsphase ein insgesamt optimaler Schub einstellt. Bei einer Verwendung in einer Zentralstufe resultiert das in einem maximalen Öffnungsverhältnis, bei dem in Zündungshöhe gerade keine Strömungsablösungen im Düsenbereich auftreten. Bei Boostertriebwerken, die nicht bis zum Brennschluß der Trägersystems operativ sind, sondern vorher abgetrennt werden, ist es von Vorteil, durch ein kleineres Öffnungsverhältnis größere Schübe beim Start eines Trägersystems erzeugen. Bedingt durch den primären Betrieb in den unteren Atmosphärenschichten überwiegt dieser Vorteil dem Nachteil eines geringeren spezifischen Vakuumimpulses.

Aus Variationen des Öffnungsverhältnisses ergeben sich Boden- und Vakuumimpulse sowie die korrespondierenden Triebwerksmassen der Boostertriebwerke (Abb. 6.1). Unter Beibehaltung der Zentralstufentriebwerke werden daraus die minimalen Startmassen bei konstanter Nutzlastmasse ermittelt. In diese Betrachtungen werden Trägersysteme mit jeweils zwei und drei Triebwerken in den beiden Boostern sowie einem Triebwerk mit einem Öffnungsverhältnis $\varepsilon = 49$ in der Zentralstufe einbezogen. Die Ergebnisse für konstanten Massendurchsatz zeigen minimale Startmassen und damit

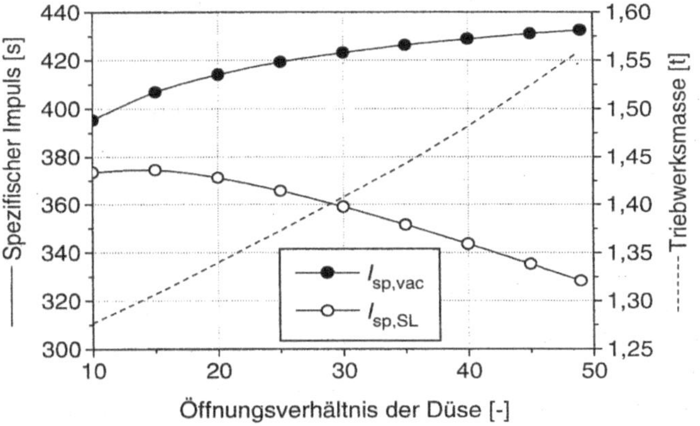


Abb. 6.1: Spezifischer Impuls und Triebwerksmasse über Düsenöffnungsverhältnis

auch optimalen Wachstumsfaktor jeweils um ein Öffnungsverhältnis von $\varepsilon = 25$ (Abb. 6.2). Interessant ist dies insbesondere, da dieser Wert in etwa für alle betrachteten Trägersysteme mit unterschiedlichen Triebwerksanzahlen und Treibstoffmassen gilt. Zu beachten ist, daß bei einer Variation des Düsenöffnungsverhältnisses mit gegebener Triebwerksanzahl sowie unveränderlicher Nutzlastmasse die minimale Startmasse nicht gleichbedeutend mit einer maximalen Startbeschleunigung ist (Abb. 6.3).

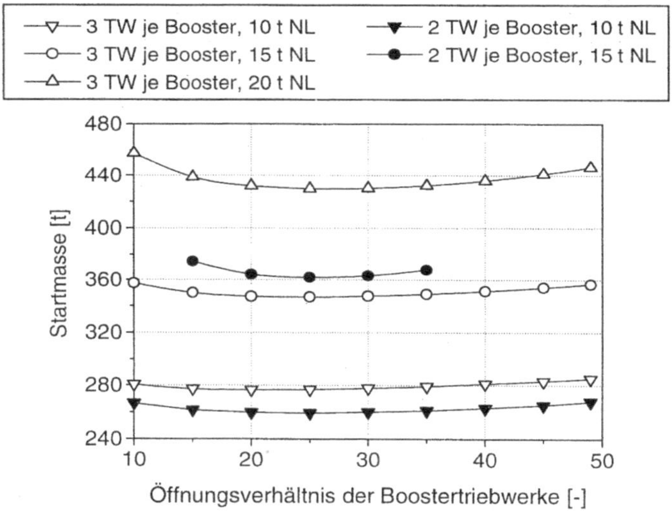


Abb. 6.2: Startmasse über dem Öffnungsverhältnis $\varepsilon$ der Boostertriebwerke

Die Grenzen der Kurve des Trägersystems mit zwei Triebwerken je Booster und einer zu transportierenden Nutzlastmasse von 15 t in Abb. 6.2 und 6.3 sind durch die Wahl einer minimal zulässigen Startbeschleunigung von $1{,}2 \cdot g_0$ vorgegeben. Am linken Rand führt eine weitere Verkleinerung des Öffnungsverhältnisses zu größeren Divergenzverlusten, die der Steigerung des Bodenimpulses aufgrund des größeren Düsenenddrucks überwiegen (siehe Abb. 6.1). Zusammen mit dem sich verschlechternden Vakuumimpuls müßte dies bei gleichbleibender Nutzlastanforderung durch eine höhere Treibstoffmasse ausgeglichen werden müßten. Diese Zunahme der Startmasse ließe die Startbeschleunigung unter den Grenzwert sinken. Am rechten Rand verringert eine

Vergrößerung des Öffnungsverhältnisses den Bodenimpuls, wodurch die Startbeschleunigung zu gering würde. Durch eine Verringerung der Treibstoffmasse zur Kompensation ließe sich die geforderte Nutzlastmasse nicht mehr in den Zielorbit transportieren.

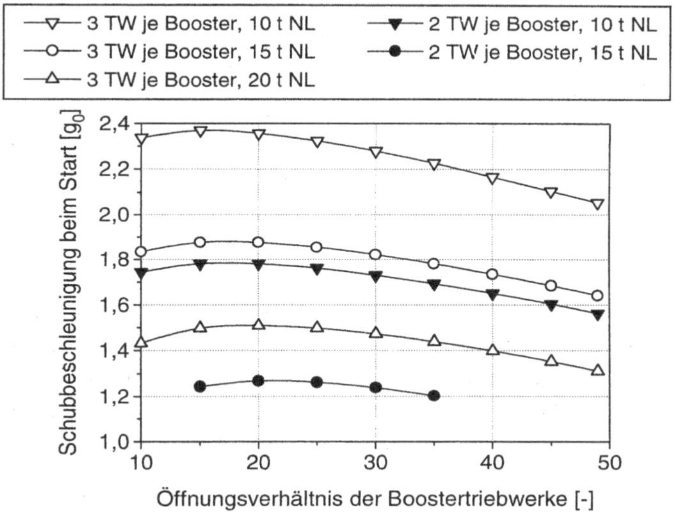


Abb. 6.3: Startbeschleunigung über Öffnungsverhältnis $\varepsilon$ der Boostertriebwerke

### 6.2.3 Referenzkonfiguration

Der parallelgestufte Referenzträger ergibt sich aus einer Betrachtung des Wachstumsfaktors bei einer Variation der zu transportierenden Nutzlastmasse. Mit den im vorangegangenen Abschnitt erhaltenen optimalen Öffnungsverhältnissen der Boostertriebwerke wird die Startmasse jeweils minimiert. Durch den Anspruch, das Trägersystem solle eine Transportleistung in der Nutzlastkategorie der ARIANE 5 erbringen, fällt die Wahl auf einen Träger mit zwei Boostern, die jeweils mit 3 Triebwerken in der Größenordnung des VULCAIN-Triebwerks ausgestattet sind (Abb. 6.4). Die Zentralstufe wird von einem identischen Basistriebwerk mit einer größeren Düse ($\varepsilon$ = 49) angetrieben, deren Öffnungsverhältnis durch den Außendruck begrenzt wird. Als Kriterium dieser ersten Auswahl wird der Wachstumsfaktor verwendet.

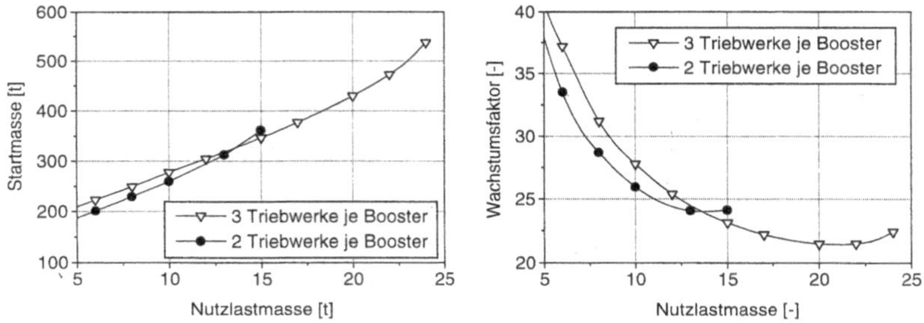


Abb. 6.4: Startmasse und Wachstumsfaktor über Nutzlastmasse für Konfigurationen mit zwei und drei Triebwerken je Booster

Die für erste Untersuchungen geforderte Nutzlastkapazität beträgt 20 t, um bei jeweils gleichen Anordnungen und Treibstoffen die charakteristischen Eigenschaften der jeweiligen Konfigurationen mit dem Bewußtsein einer suboptimalen Ausnutzung der Leistungsreserven zu bestimmen. Diese Ergebnisse werden dann im weiteren Verlauf der Untersuchungen verwendet, um die damit jeweils optimalen Konfigurationen unter Ausnutzung ihrer jeweils optimalen Leistungsfähigkeit vergleichend zu betrachten.

Für die Referenzkonfiguration des Parallelstufers mit $LO_2/LH_2$ in allen Stufen und konventioneller Triebwerkstechnik resultiert die zum Transport von 20 t Nutzlast erforderliche Startmasse zu etwa 430 t. Die Startschubbeschleunigung dieses Trägers liegt bei etwa $1{,}50 \cdot g_0$ (Abb. 6.3). Obwohl bei gegebener Triebwerksanzahl und -dimension eine weitere Steigerung der Nutzlastkapazität durch eine höhere Treibstoffzuladung möglich wäre, wird für den Referenzträger darauf verzichtet. Dies geschieht mit Hinblick auf einen größeren Freiraum bei ansonsten gleichen Auslegungsparametern in später folgenden Untersuchungen, insbesondere einer Höhenzündung der Zentralstufe.

### 6.2.4 Einfluß von Crossfeed bei Bodenzündung

Eine bereits in früheren Untersuchungen über parallelgestufte Trägersysteme [48] betrachtete Möglichkeit besteht in der Speisung des Zentralstufentriebwerks aus dem

Treibstoffvorrat der Booster, im folgenden auch als „Crossfeed" bezeichnet. Dadurch wird erreicht, daß die Zentralstufe beim Abwurf der Booster einen vollen Tank besitzt und keine unnötige Leermasse beschleunigt werden muß [1], [2]. Dieser Aspekt beeinflußt die Nutzlastkapazität insbesondere, wenn die Zentralstufe den letzten Teil der Transportaufgabe übernimmt und keine zusätzliche Oberstufe vorgesehen ist. Im Rahmen dieser Arbeit erfolgt eine Beschränkung auf das Umpumpen beider Treibstoffkomponenten im Verhältnis des Mischungsverhältnisses unter der Voraussetzung gleicher Treibstoffe für Booster- und Zentralstufentriebwerke. Darüber hinaus wäre auch die Förderung nur einer Treibstoffkomponente denkbar, was den Anwendungsbereich beispielsweise auch auf die Verwendung von $LO_2/LH_2$ in der Zentralstufe sowie $LO_2$/RP1 in den Booster erweitern würde [2]. Verbunden mit der Möglichkeit von Crossfeed ist jedoch auch eine etwas höhere Stufentrockenmasse, die aus zusätzlichen Leitungen und Ventilen resultiert. Weiterhin ergibt sich aus Sicherheitsgründen die Forderung nach außen absolut dicht schließenden Ventilen in den zu trennenden Treibstoff-, insbesondere den Brennstoffleitungen, um eine Entzündung austretender Reste zu verhindern. Die hierzu erforderlichen Aufwendungen werden in den Untersuchungen mit 1% der Strukturmasse berücksichtigt.

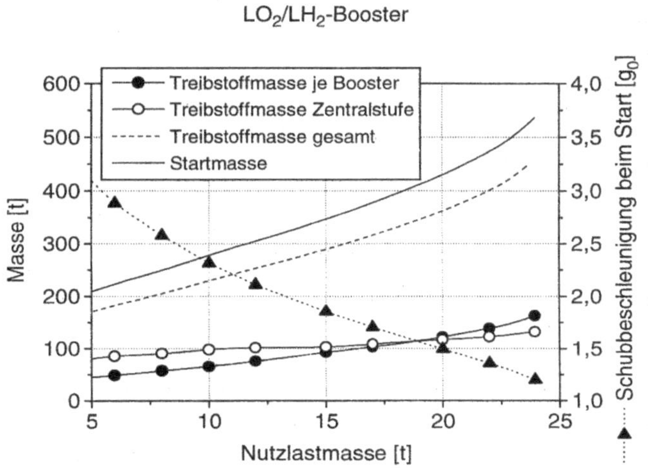


Abb. 6.5: Massen bei Zündung aller Triebwerke am Boden

Wichtiger Auslegungspunkt bei der Einführung von Crossfeed ist die generell unterschiedliche Treibstoffaufteilung zwischen den Stufen gegenüber der konventionellen Parallelstufung. Bedingt durch die geänderten Treibstoffmassenanforderungen an die einzelnen Stufen ist eine Optimierung der Stufengrößen unerläßlich. Bei einem Vergleich der Abb. 6.5 und 6.6 zeigt sich als auffälligstes Resultat die deutliche höhere Nutzlastkapazität des Trägers mit Crossfeed gegenüber der konventionellen Auslegung. Eine Betrachtung der einzelnen Stufengrößen bei jeweils gleicher Nutzlastmasse lassen deutlich die kleineren Zentralstufen bei der Verwendung von Crossfeed erkennen, während die Treibstoffmassen der Booster bei beiden Konfigurationen etwa gleich sind. Der Gewinn zeigt sich also in erste Linie durch geringere Leermassen der Zentralstufen, was einem direkt proportionalen Nutzlastgewinn entspricht.

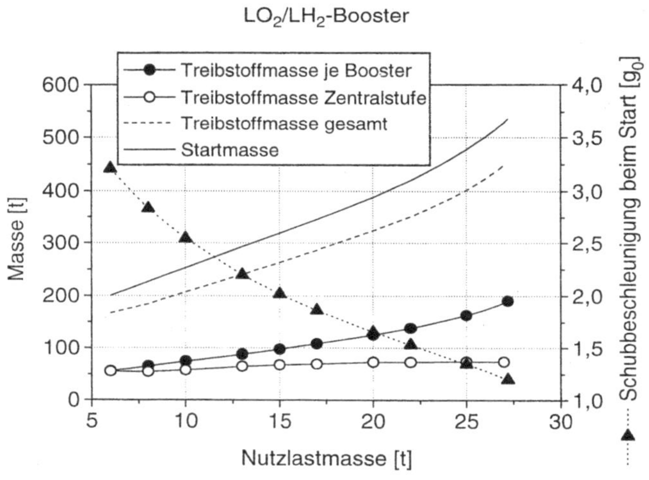


Abb. 6.6: Massen bei Zündung aller Triebwerke am Boden mit Crossfeed

Bei konventioneller Parallelstufung zeigt Abb. 6.5 für eine Nutzlastmassenanforderung von etwa 18 t gleiche Treibstoffmassen der Booster und der Zentralstufe unter der Berücksichtigung der Startmassenminimierung. Dies würde auf den ersten Blick die Möglichkeit der Fertigung gleicher Tanks für Booster und Zentralstufe ermöglichen. Abgesehen von der mangelnden Ausnutzung der relativ teuren Triebwerke an diesem Punkt werden in der Praxis jedoch auch weitere Gründe dagegen sprechen: Die Zentralstufe muß nur den Schub eines Triebwerks in axialer Richtung leiten, die Booster sind jedoch mit jeweils drei Triebwerken ausgestattet, deren Schubkräfte zudem im oberen Teil seitlich in die Zentralstufe eingeleitet werden müssen.

### 6.2.5 Höhenzündung der Zentralstufe

Grundsätzlich gilt für mehrstufige Geräte mit flüssigen Treibstoffen bei ansonsten festen Parametern die Forderung einer möglichst hohen Treibstoffzuladung zum Erreichen einer maximalen Nutzlastmasse. Dies wird lediglich durch die Startbeschleunigung begrenzt, für die als praktikable Untergrenze aus Stabilitäts- und Steuerungsgründen ein Wert von $1{,}2 \cdot g_0$ angenommen wird. Eine Zündung des Zentralstufentriebwerks bereits beim Start bietet neben dem Zuverlässigkeitsaspekt einen höheren Gesamtschub. Durch den vorherrschenden Außendruck ist jedoch das Düsenöffnungsverhältnis und damit auch der Vakuumimpuls eingeschränkt, wodurch das Leistungsvermögen der Zentralstufe deutlich gemindert wird. Eine Möglichkeit der Abhilfe unter der Vorgabe einer festen Düsenkontur bietet die Zündung in größeren Höhen mit der Möglichkeit eines größeren Öffnungsverhältnisses unter Beachtung einer anliegenden Strömung in der Düse. Dies resultiert unter Beachtung des Summerfield-Kriteriums unabhängig von der Aufstiegsbahn in einer minimalen Zündungshöhe des Triebwerks bei einem gegebenem Öffnungsverhältnis. Die damit verbundenen spezifischen Impulse sowie die gesamten Triebwerksmassen – unter Berücksichtigung der schwereren Düsen als Ergebnis des Triebwerksmodells – sind in Abb. 6.7 dargestellt.

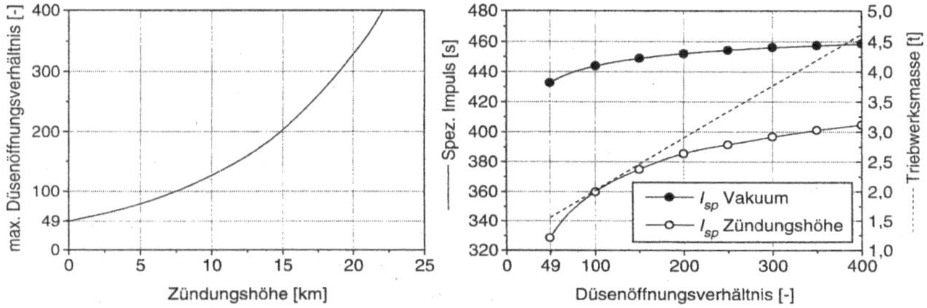


Abb. 6.7: Maximales Öffnungsverhältnis sowie spezifischer Impuls des Zentralstufentriebwerks bei Zündung und Vakuumbetrieb mit den korrespondierenden Triebwerksmassen (Treibstoff $LO_2/LH_2$)

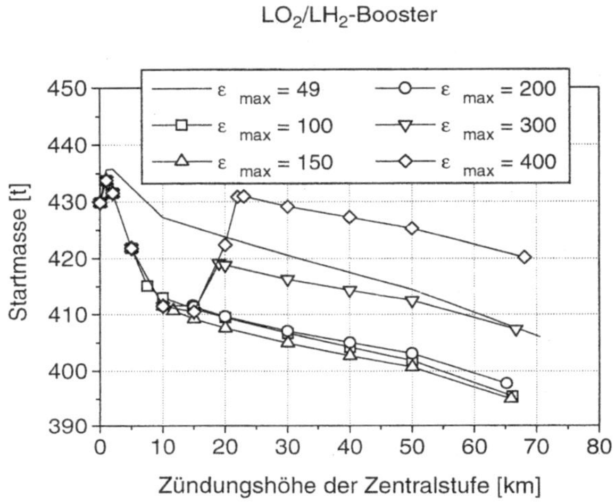


Abb. 6.8: Startmasse bei Höhenzündung der Zentralstufe mit Variation des maximalen Düsenöffnungsverhältnisses

In Abb. 6.8 ist die gesamte Startmasse über der Zündungshöhe bei einer Variation des maximalen Öffnungsverhältnisses aufgetragen, wobei der Variationsbereich jeweils durch den Brennschluß der Boostertriebwerke festgelegt ist. Bei geringen Zündungshöhen ist eine Zunahme der Treibstoffzuladung ersichtlich, die aus der niedrigeren Startbeschleunigung aufgrund der geringeren Anzahl von operativen Triebwerken resultiert. Mit zunehmender Zündungshöhe bis etwa 10 km sinkt jedoch die Startmasse als Auswirkung der angepaßten Düsen trotz der zunehmenden Triebwerksmassen deutlich um etwa 20 t. Lediglich bei der Verwendung einer gegenüber der Bodenzündung unveränderten Düse ist dieser Effekt nur mäßig ausgeprägt. Ab einer Zündungshöhe von etwa 15 km überwiegt der Einfluß der zunehmenden Düsenmassen gegenüber den Leistungsgewinnen des größeren Öffnungsverhältnisses, die erforderlichen Start-massen steigen an. Für alle Düsenvarianten gilt mit Ausnahme der angesprochenen niedrigen Zündungshöhen bis etwa 1 km, daß bei jeweils konstantem Öffnungsverhältnis die Startmasse niedriger ist, je höher die Zündung des Zentralstufentriebwerks erfolgt. Dies deutet auf einen Schubüberschuß während der Boosterbrennphase hin. Der zusätzlich durch den gleichzeitigem Betrieb des Zentralstufentriebwerks vorliegende Schubzuwachs kann die negativen Einflüsse der Treibstoff- und der damit verbundenen Massenzunahmen in der Zentralstufe nicht kompensieren.

Eine Anwendung dieser Ergebnisse auf das Referenzsystem geschieht mit Hinblick auf das Optimierungskriterium einer minimalen Startmasse bei konstanter Nutzlastanforderung von 20 t. Das Öffnungsverhältnis der Zentralstufe wird dabei unter Beachtung der Zündungshöhe bei ansonsten unveränderten Daten des Basistriebwerks variiert. Das Öffnungsverhältnis der Boostertriebwerke bleibt auf dem aus Abb. 6.1 ermittelten Wert von $\varepsilon = 25$ festgesetzt.

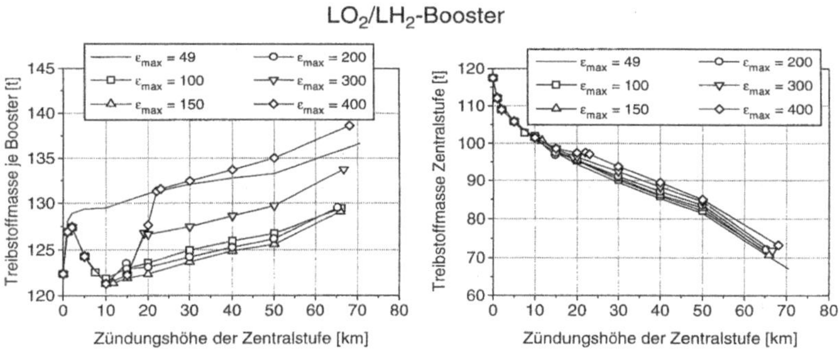


Abb. 6.9: Treibstoffmassen bei Höhenzündung der Zentralstufe mit Variation des maximalen Düsenöffnungsverhältnisses

Eine Aufschlüsselung der Treibstoffzuladungen für die jeweils zwei Booster und die Zentralstufen zeigt Abb. 6.9. Die mit den unterschiedlichen Düsengrößen verbundenen Massenzunahmen schlagen sich primär in den Treibstoffmassen der Booster nieder, obwohl die Zentralstufe die resultierenden Zusatzmassen bis zum Brennschluß beschleunigen muß. Lediglich ein sehr geringer Einfluß der Triebwerksmassen ist auf die Treibstoffzuladung der Zentralstufen zu beobachten. Mit zunehmender Zündungshöhe bei jeweils gleichen Düsen steigen die Anforderungen an die Booster, so daß sich hier ein erhöhter Treibstoffbedarf abzeichnet. Die zunehmende Zündungshöhe reduziert die Anforderungen an die Zentralstufe und bewirkt mit dem damit verbundenen deutlich geringeren Treibstoffbedarf die vorliegende Startmassenreduzierung. Das Optimum bildet sich für ein System aus, welches das Zentralstufentriebwerk erst bei Brennschluß der Booster zündet, demzufolge ein Tandembrennen der parallel angeordneten Stufen.

Bei einer Betrachtung der Ergebnisse für eine Höhenzündung der Zentralstufe zeigt sich als Resultat der zugrundegelegten Modelle ein optimales Düsenöffnungsverhältnis um $\varepsilon = 150$, das einen guten Kompromiß zwischen erhöhter Leistungsfähigkeit einerseits und zunehmenden Triebwerksmassen andererseits darstellt. In Verbindung mit einer maximalen Zündungshöhe ergibt sich bei einer Zündung des Zentralstufentriebwerks bei Boosterbrennschluß eine Startmassenreduzierung von etwa 10 % gegenüber einer Bodenzündung. Die Schubbeschleunigung einer solchen Konfiguration liegt bei etwa $1{,}42 \cdot g_0$. Dies wie auch die folgenden Ergebnisse sind jedoch stets unter Berücksichtigung der zugrundegelegten konstanten Nutzlastanforderung von 20 t zu sehen, da ein parallelgestuftes Trägersystem, das alle Triebwerke bereits beim Start zündet, den Vorteil eines höheren Startschubs und damit die Möglichkeit einer höheren Treibstoffzuladung zum Transport größerer Nutzlasten besitzt. Auf diesen Aspekt soll später noch eingegangen werden.

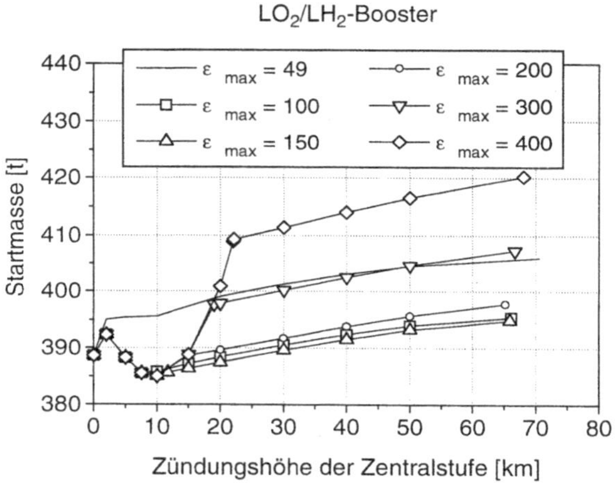


Abb. 6.10: Startmasse bei Höhenzündung und Crossfeed mit Variation des maximalen Düsenöffnungsverhältnisses

Führt man bei der Höhenzündung die Möglichkeit des Crossfeeds ein, so stellt sich, bezogen auf die Startmassen in niedrigen Zündungshöhen, ein analoger Effekt zu den Systemen ohne Crossfeed ein (Abb. 6.10), wobei jedoch die grundsätzlich niedrigeren

Startmassen zu beachten sind. Mit zunehmender Zündungshöhe folgt dem kurzzeitigen Anstieg der Startmassen bis in eine Höhe von etwa 1 km eine Abnahme, die jedoch mit etwa 10 t deutlich geringer ausfällt. Lediglich eine mit einem an Bodenbetriebsbedingungen angepaßtem Triebwerk ausgestattete Zentralstufe zeigt keinerlei Startmassenreduzierung im gesamten Bereich und hat ihr Leistungsmaximum bei gleichzeitiger Zündung mit den Boostertriebwerken. Nach dem Minimum bei einer Zündungshöhe von 10 km steigen die Startmassen monoton an.

Analog zur Höhenzündung ohne Crossfeed kristallisiert sich auch hier als bester Kompromiß zwischen Triebwerksleistung und -masse ein optimales Öffnungsverhältnis von $\varepsilon = 150$ heraus. Insgesamt sind bei einer Konzeption mit Crossfeed die potentiellen Startmasseneinsparungen bei einer Höhenzündung der Zentralstufe nur gering und liegen bei einer Zündungshöhe von 10 km in einem Bereich von etwa 1% gegenüber der Bodenzündung mit Crossfeed. Die Begründung dafür zeigt Abb. 6.11: Während sich für die Treibstoffzuladung der Booster nahezu identische Bedingungen ergeben wie für Systeme ohne Crossfeed, bleibt die Treibstoffmasse der Zentralstufe trotz der unterschiedlichen Zündungshöhen nahezu konstant. Dadurch tritt der Einfluß der zunehmenden Triebwerksmassen deutlicher hervor. Dies deutet auf die prinzipiell durch Crossfeed realisierte günstigere Treibstoffaufteilung zwischen den Stufen hin, was bei gleicher Triebwerksauslegung zu einer Schubbeschleunigung beim Start von etwa $1{,}45 \cdot g_0$ führt.

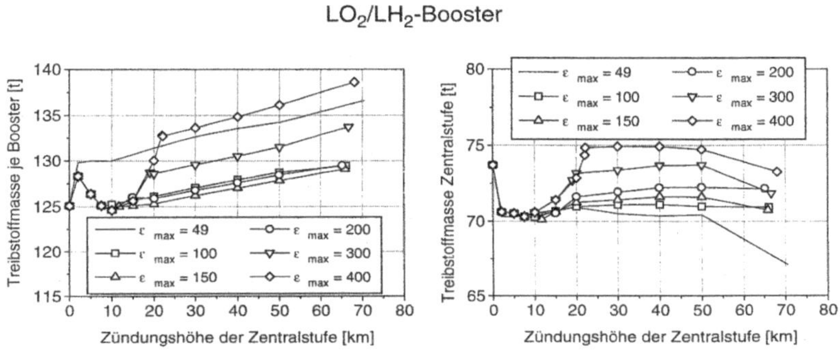


Abb. 6.11: Treibstoffmassen bei Höhenzündung und Crossfeed mit Variation des maximalen Düsenöffnungsverhältnisses

### 6.2.6 Verwendung einer Ausfahrdüse in der Zentralstufe

Beim Zünden des Zentralstufentriebwerks beim Start muß die Düse den Umgebungsbedingungen angepaßt sein. Das verlangt aber ein geringeres Öffnungsverhältnis, als es für einen Betrieb in den dünneren Atmosphärenschichten ideal wäre, wie die Tendenzen der Zündungshöhe des Zentralstufentriebwerks im vorangegangenen Abschnitt zeigen. Um diesen Nachteil aufzuheben, ist ein ausfahrbarer Düsenteil denkbar, der das Öffnungsverhältnis an die geänderten Betriebsbedingungen anpaßt. Bewegliche Düsenteile wurden bisher neben militärischen Feststoffantrieben im Bereich der Raumfahrt lediglich in der amerikanischen CENTAUR-Oberstufe beim RL–10 A-4-Triebwerk verwirklicht. In beiden Fällen war eine Verkürzung der Düsenlänge zur Verwirklichung eines größeren Öffnungsverhältnisses durch Ausfahren des beweglichen Düsenteils – bei vorgegebenen geometrischen Randbedingungen – das ausschlaggebende Argument zur Verwirklichung. Die so realisierten Düsenerweiterungen werden mit bzw. vor dem Zünden des Triebwerks ausgefahren, so daß von einer gefalteten Düse gesprochen wird. Die Anforderungen an die hier untersuchten Ausfahrdüsen bestehen über die reine Beweglichkeit der Düsenerweiterung hinaus im Ausfahrvorgang während des Betriebs, um die Vorteile des höheren Bodenschubs nutzen zu können. Dies bringt zusätzliche Probleme mit sich, insbesondere verursacht durch den Abgasstrom mit den damit verbundenen mechanischen und thermischen Belastungen des beweglichen Düsenteils. Weiterhin soll hier auch der Aspekt der Zuverlässigkeit angesprochen werden, da mechanisch bewegte Teile in dieser Hinsicht grundsätzlich mit besonderem Augenmerk zu betrachten sind.

Im Rahmen dieser Untersuchung sollen jedoch diese Probleme vernachlässigt werden, um das grundsätzliche Potential einer solchen Düsenkonfiguration aufzeigen zu können. Die hohe Komplexität einer aktiven Kühlung des Ausfahrdüsenteils legt die Verwendung einer strahlungsgekühlten Düsenerweiterung nahe. Bestärkt wird dieser Ansatz durch das RL–10 A-4, das als bisher einziges im Bereich der Raumfahrt verwirklichtes 2-Positionstriebwerk ebenfalls einen strahlungsgekühlten Ausfahrteil besitzt. Thermische Betrachtungen zur Ausfahrdüse sind stark von den Temperaturen sowie insbesondere dem Grenzschichtverhalten beeinflußt und sollen hier nicht weiter betrachtet werden.

Neben der thermischen Belastbarkeit muß bei der Auslegung einer Ausfahrdüse ein weiterer Punkt berücksichtigt werden: Abhängig von den Öffnungsverhältnissen der

Primär- und Ausfahrdüse mit den daraus resultierenden Düsenlängen muß der Düsendurchmesser am Anfang gegebenenfalls so dimensioniert sein, daß er im Bodenbetrieb bis über das Kerntriebwerk zurückgefahren werden kann. Anderenfalls kann der vom Primärdüsenteil aufplatzende Abgasstrahl die Ausfahrdüse bereits bei Triebwerkszündung thermisch und mechanisch stark belasten, was insbesondere bei der zugrundegelegten Strahlungskühlung zu Materialschäden führen kann. Abhilfe böte die Möglichkeit einer weiteren Teilung der Düse, jedoch wird der damit verbundenen Aufwand zum Bewegen von zwei Düsenteilen noch größer. Andererseits würde eine solche Konfiguration eine 3-Positionsdüse ermöglichen, die über einen weiteren Teil der Aufstiegsbahn optimale Betriebsbedingungen liefert. Diese geometrischen Überlegungen werden im weiteren Verlauf nicht weiter betrachtet, da sie von der jeweils spezifischen Auslegung eines Triebwerks abhängen, wobei innerhalb gewisser Schranken sogar ein geometrisch speziell auf die Ausfahrdüse ausgelegtes Kerntriebwerk denkbar scheint.

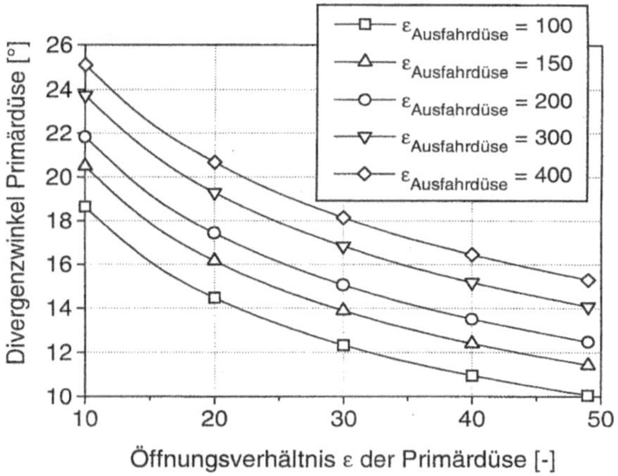


Abb. 6.12: Divergenzwinkel für den Primärteil einer Ausfahrdüse in Abhängigkeit der Öffnungsverhältnisse

Wie bereits weiter oben angesprochen, existieren für gegebene Öffnungsverhältnisse ideale Düsenendwinkel [16]. Entsprechend einer durchgehenden optimalen Düsenkontur ergibt sich ein ungünstiger Divergenzwinkel für jeweils eine oder – als Kompromiß – für beide Düsenpositionen. Da der Großteil der Aufstiegsbahn bei niederen Außendrücken stattfindet, erfolgt die optimale Auslegung für den höhenangepaßten Betriebsmodus mit ausgefahrener Düsenerweiterung. Damit ergeben sich für die Primärdüse die in Abb. 6.12 gezeigten Divergenzwinkel. Es ist offensichtlich, daß bei einem großen Verhältnis der Öffnungsverhältnisse von Ausfahr- zu Primärdüse die Divergenzverluste der Primärdüse zu- und damit die Triebwerksleistung diesen Düsenteils im Vakuumbereich abnehmen, andererseits jedoch steigt innerhalb gewisser Grenzen der Bodenschub durch den größeren Düsenenddruck der Primärdüse (Abb. 6.13). Unterhalb von Öffnungsverhältnissen der Primärdüse von etwa 15 steigen jedoch die Divergenzverluste so stark an, daß der höhere Druck im Düsenendquerschnitt diese Verluste nicht mehr kompensieren kann und der spezifische Bodenimpuls absinkt.

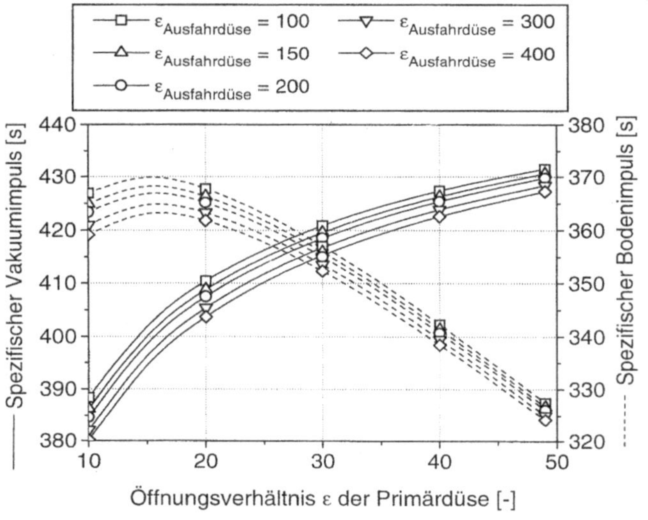


Abb. 6.13: Spezifische Vakuum- und Bodenimpulse für den Primärteil eines $LO_2/LH_2$-Nebenstromtriebwerks mit Ausfahrdüse in Abhängigkeit der Öffnungsverhältnisse

Im Verlauf der Aufstiegsbahn ist der Zeitpunkt des Ausfahrens der Düsenerweiterung klar definiert. Zur Erzielung einer maximalen Leistungsfähigkeit geschieht das Umschalten, sobald mit zunehmender Höhe der aktuelle spezifische Impuls der Sekundärdüse über dem der Primärdüse liegt.

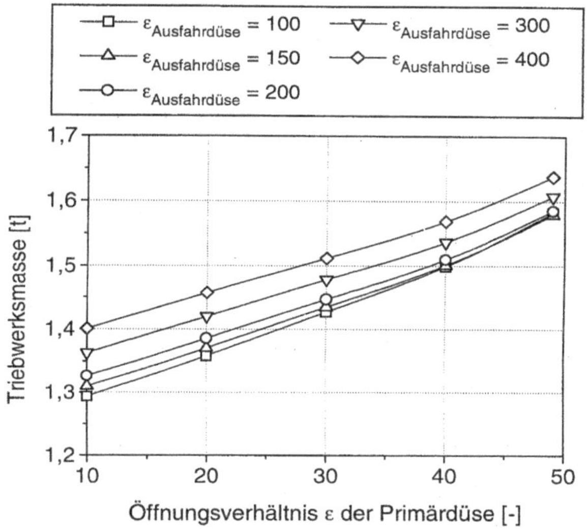


Abb. 6.14: Triebwerksmassen eines $LO_2/LH_2$-Nebenstromtriebwerks mit Ausfahrdüse in Abhängigkeit der Öffnungsverhältnisse

Neben diesen Leistungscharakteristiken ergibt sich aus der vorliegenden Modellierung ein weiterer Aspekt, der ein geringes Öffnungsverhältnis der Primärdüse bevorzugt: Während der mit Treibstoff aktiv gekühlte Abschnitt der Düse höhere spezifische Massen aufweist als der strahlungsgekühlte, besteht aus Sicht der Massenbilanz die Forderung nach einem möglichst großen Ausfahrabschnitt, wobei die Fläche der Primärdüse so gering wie möglich gehalten werden sollte (Abb. 6.14). Dieser Trend zeigt deutlich den Gewichtsvorteil eines strahlungsgekühlten Düsenabschnittes, so daß sich grundsätzlich auch die Möglichkeit der gemischten Verwendung von Aktiv- und Strahlungskühlung bei herkömmlichen Glockendüsen anbietet. Bei einer praktischen Umsetzung dieser Variante sind jedoch neben der Detailbetrachtung der Schnittstelle die bereits erwähnten thermischen Probleme zu berücksichtigen. Insbesondere das Vorliegen sauerstoffreicher Luft an der Außenseite der Düse zu Beginn der Brennphase kann bei den hohen Temperaturen Probleme hinsichtlich Materialveränderungen bereiten.

Die Auswirkungen der beschriebenen Effekte hinsichtlich des Leistungs- und Massenverhaltens einer Ausfahrdüse angewandt auf das Referenzträgersystem zeigt Abb. 6.15.

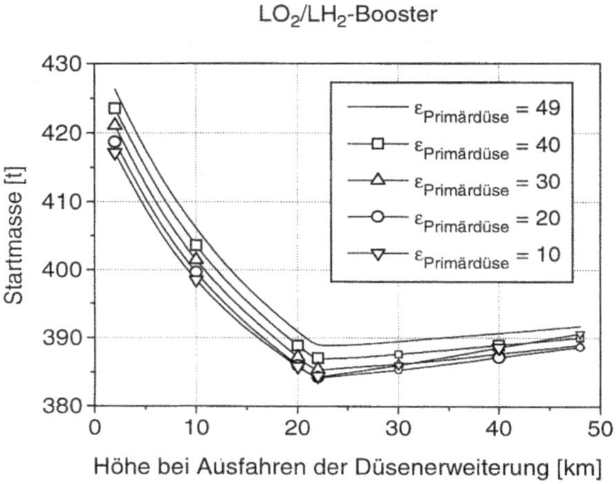


Abb. 6.15: Startmasse bei Verwendung einer Ausfahrdüse in der Zentralstufe mit Variation des Öffnungsverhältnisses der Primärdüse (Sekundärdüse nach Abb. 6.7 mit $\varepsilon_{max} \leq 400$)

Bedingt durch den Betrieb des Primärabschnittes bereits vom Beginn der Aufstiegsbahn an zeigt sich eine kontinuierliche Abnahme der Startmasse mit zunehmendem Öffnungsverhältnis der Ausfahrdüse bis zum Erreichen der Variationsgrenze von $\varepsilon = 400$. Bei einer Zündung in größeren Höhen ohne weitere Erhöhung des Öffnungsverhältnisses steigt die Startmasse wieder an. Bei einem Vergleich der Ergebnisse in Abb. 6.15 mit den Triebwerkscharakteristiken in Abb. 6.13 und 6.14 zeigt sich der Einfluß der Triebwerksmasse auf die Startmasse. Obwohl die Bodenimpulse für Öffnungsverhältnisse der Primärdüse von $\varepsilon_{primär} = 10$ und 20 nahezu gleich sind und der Vakuumimpuls für $\varepsilon_{primär} = 20$ höher liegt, benötigt das System mit dem kleinem Öffnungsverhältnis bei konstanter Ausfahrdüse eine geringere Startmasse gegenüber dem System mit $\varepsilon_{primär} = 20$. Die Begründung ergibt sich aus der Kombination zweier gegenläufiger Effekte: Einerseits trägt der Schubgewinn für $\varepsilon_{primär} = 20$ nur gering zum Gesamtschub des Trägersystems bei, da im ersten Abschnitt der Aufstiegsbahn die sechs Boostertriebwerke den Hauptschub liefern, andererseits führt die höhere Triebwerksmasse zu einer höheren Leermasse der Zentralstufe. Erst bei einer längeren Betriebsphase der Primärdüse bis in größere Höhen um 20 km kommt der Einfluß der höheren Triebwerksleistung zum tragen und überwiegt gegenüber der höheren Triebwerksmasse. Die Trägersysteme mit den minimalen Startmassen von etwa 385 t erreichen bei einer Nutzlastanforderung von 20 t eine Startschubbeschleunigung von etwa 1,69·$g_0$ und offenbaren damit das in diesen Voruntersuchungen noch nicht ausgenutzte Leistungspotential.

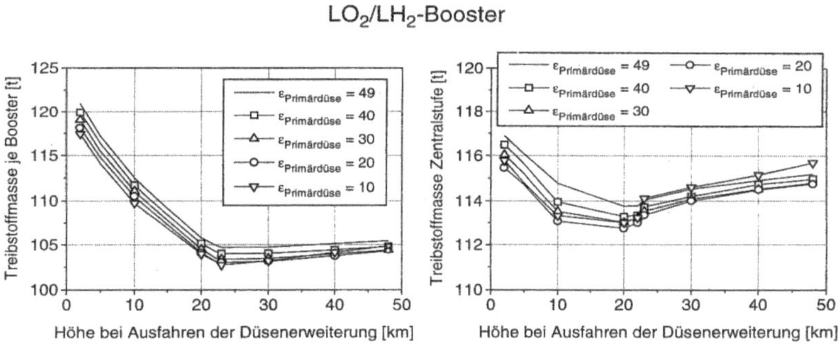


Abb. 6.16: Treibstoffmassen bei Verwendung einer Ausfahrdüse in der Zentralstufe mit Variation des Öffnungsverhältnisses der Primärdüse (Sekundärdüse nach Abb. 6.7 mit $\varepsilon_{max} \leq 400$)

Eine Betrachtung der Treibstoffmassen der einzelnen Stufen zeigt auch hier, daß sich die Charakteristik des Zentralstufentriebwerks primär auf die Zuladung der Booster auswirkt, während sich für die Zentralstufe über den gesamten Variationsbereich eine nahezu konstante Treibstoffmasse ergibt, die nur gering von den Triebwerkseigenschaften beeinflußt wird (Abb. 6.16).

Die Möglichkeit des Treibstoffumpumpens von den Boostern in die Zentralstufe bringt eine Startmassenverringerung von etwa 10 % (Abb. 6.17) gegenüber der konventionellen Konfiguration mit Verwendung einer Ausfahrdüse mit sich. Damit verbunden ist eine Startschubbeschleunigung von etwa 1,85·$g_0$. Analog den Betrachtungen zur Höhenzündung ergibt sich die Massenreduzierung aus deutlich kleineren Zentralstufen mit den damit verbundenen geringeren Strukturmassen (Abb. 6.18). Auch hier zeigt die Auslegung auf Crossfeed die optimalere Treibstoffaufteilung, da über den betrachteten Bereich die Treibstoffmasse der Zentralstufe nur um etwa 5% variiert.

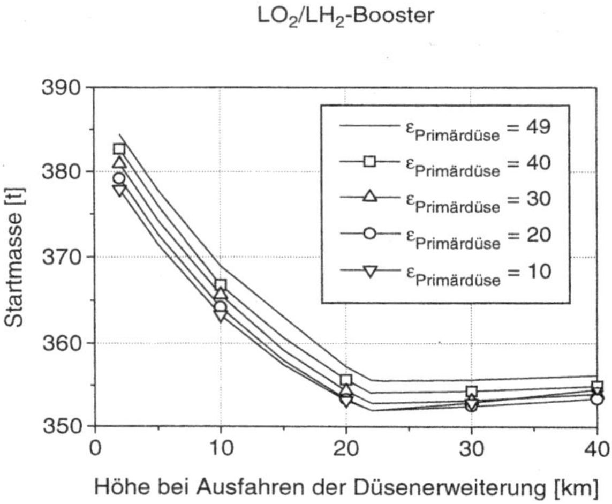


Abb. 6.17: Startmasse bei Crossfeed und Verwendung einer Ausfahrdüse in der Zentralstufe mit Variation des Öffnungsverhältnisses der Primärdüse (Sekundärdüse nach Abb. 6.7 mit $\varepsilon_{max} \leq 400$)

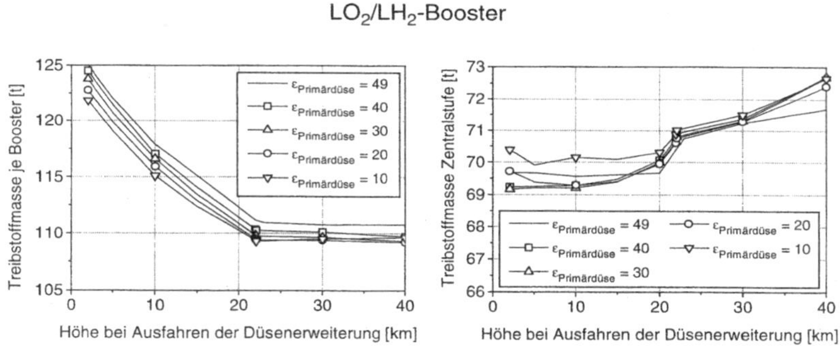


Abb. 6.18: Treibstoffmassen bei Crossfeed und Verwendung einer Ausfahrdüse in der Zentralstufe mit Variation des Öffnungsverhältnisses der Primärdüse (Sekundärdüse nach Abb. 6.7 mit $\varepsilon_{max} \leq 400$)

## 6.3 Booster mit Treibstoffkombination $LO_2$/RP1

Viele realisierte Trägersysteme verwenden in den Erststufen statt der hochenergetischen, vollkryogenen Treibstoffkombination $LO_2/LH_2$ andere Komponenten. Dies sind als mittelenergetische Treibstoffe beispielsweise $N_2O_4/N_2H_4$ (Stickstofftetroxid / Hydrazin) oder $LO_2$/RP1 (flüssiger Sauerstoff / Kerosin). Die Bezeichnung RP1 steht hierbei für „Rocket Propellant 1", einen Brennstoff auf der Basis von Kerosin, dem für das amerikanische Weltraumprogramm diverse Additive zugesetzt sind. Die erstgenannte Treibstoffkombination soll aufgrund der Giftigkeit der Abgase nicht weiter in die Untersuchungen einbezogen werden, auch wenn sich bei der Verwendung dieser voll lagerfähigen Treibstoffkomponenten operative Vorteile bei der Bevorratung ergeben. Um das Potential eines parallelgestuften Trägersystems mit einer mittelenergetischen Treibstoffkombination zu untersuchen, fiel die Wahl nicht zuletzt wegen der großen Erfahrungen mit diesen Komponenten auf die teilkryogene Kombination $LO_2$/RP1. Trotz des geringeren Energieinhalts bietet diese Treibstoffkombination, abgesehen von der Lagerfähigkeit des Brennstoffs, potentielle Vorteile gegenüber der hochenergetischen Kombination aus $LO_2$ und $LH_2$: Die deutliche höhere Dichte von RP1 führt zu geringeren Treibstoffvolumina und ermöglicht somit leichtere Tankstrukturen. Als Nachteil muß jedoch ein geringerer spezifischer Impuls in Kauf genommen werden.

Für Oberstufen ergibt sich mit Hinblick auf eine maximale Leistungsfähigkeit eines Trägersystems der Zwang zur Verwendung einer hochenergetischen Treibstoffkombination [2]. Die Zentralstufe wird deshalb in allen Konfigurationen mit den Treibstoffen $LO_2/LH_2$ sowie dem bereits beschriebenen Basistriebwerk betrieben.

Die Auslegungsgrößen des zugrundegelegten $LO_2$/RP1-Boostertriebwerks entsprechen grundsätzlich dem $LO_2/LH_2$-Triebwerk, wobei jedoch zwei Anpassungen erforderlich sind. Zum einen wird das entsprechende Mischungsverhältnis für die verwendete Treibstoffkombination auf 2,7 festgelegt. Zum anderen sollte eine Vergleichbarkeit der Trägersysteme gegeben sein, die durch gleiche Startbeschleunigungen der Referenzträger bei einer konstanten Transportanforderung von 20 t Nutzlast in den Zielorbit erreicht wird. Aus diesem Grund muß der Schub und damit der totale Massendurchsatz je Triebwerk auf 410 kg/s erhöht werden. Die charakterisierenden Parameter der Triebwerksauslegung sind in Tab. 6.4 zusammengefaßt.

Tab. 6.4: Auslegungsparameter des betrachteten $LO_2$/RP1-Boostertriebwerks (hypothetisches VULCAIN-Triebwerk mit $LO_2$/RP1 als Treibstoff)

| | | |
|---|---|---|
| Triebwerkszyklus | Nebenstrom mit Regenerativkühlung | |
| Treibstoff | $LO_2$/RP1 | |
| Brennkammerdruck $p_c$ | 105 | [bar] |
| Totaler Massenstrom $\dot{m}_{tot}$ | 410 | [kg/s] |
| Totales Mischungsverhältnis $\Phi_{tot}$ | 2,27 | [-] |
| Brennkammermischungsverhältnis $\Phi_c$ | 2,35 | [-] |
| Düsenöffnungsverhältnis $\varepsilon$ | 25 | [-] |

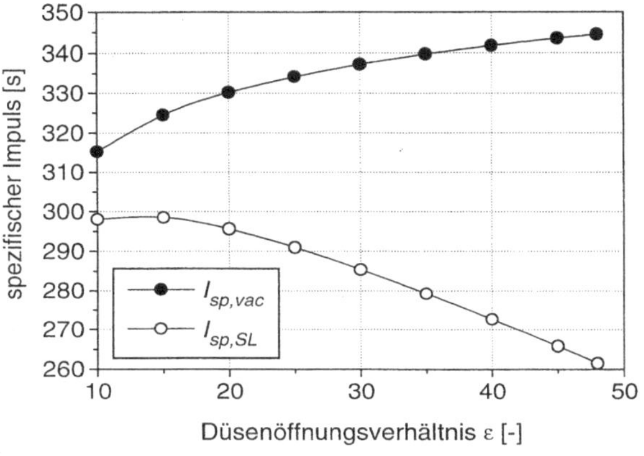


Abb. 6.19: Spezifischer Impuls über dem Düsenöffnungsverhältnis des betrachteten Boostertriebwerks (Treibstoff $LO_2$/RP1)

Entsprechend den vollkryogenen Boostern ergibt sich auch bei dieser Version ein optimales Öffnungsverhältnis, das den besten Kompromiß zwischen hohem Boden- und Vakuumimpuls sowie den variierenden Düsenmassen darstellt (Abb. 6.19). Die daraus resultierenden Start- und Triebwerksmassen sowie die Schubbeschleunigung beim Start zeigt Abb. 6.20, woraus sich das beste Öffnungsverhältnis zu $\varepsilon = 25$ ergibt. Die Übereinstimmung mit dem $LO_2$/$LH_2$-Boostertriebwerk erklärt sich durch die grundsätzlich gleiche Auslegung der beiden Triebwerke, was sich auch beim maximalen Öffnungsverhältnis im Bodenbetrieb von knapp unter 50 bei beiden Varianten zeigt.

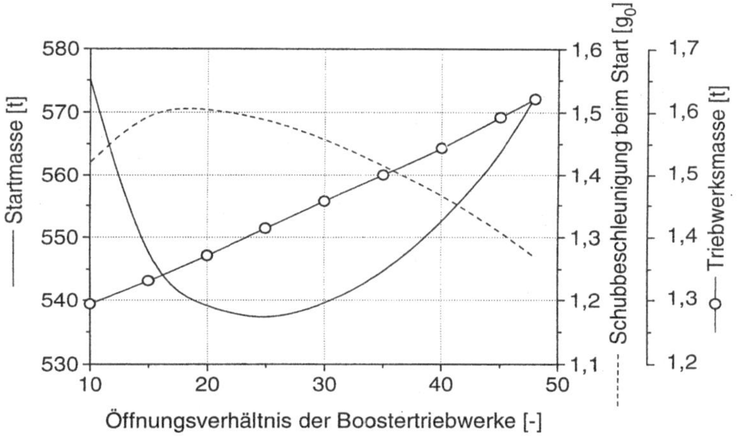


Abb. 6.20: Variation des Öffnungsverhältnisses der Boostertriebwerke mit Startmasse, Schubbeschleunigung und Triebwerksmasse bei 20 t Nutzlastmasse (Boostertreibstoff $LO_2$/RP1)

Eine Möglichkeit des Treibstoffumpumpens analog den Trägersystemen mit vollkryogenen Treibstoffen in beiden Stufen wäre hier lediglich für den Oxidator $LO_2$ möglich. Da jedoch das zugrundegelegte Massenmodell die Tankmassen nicht im einzelnen erfaßt, ist eine solche Betrachtung im Rahmen der vorliegenden Modellierung nicht möglich und wird nicht weiter verfolgt.

Den Einfluß einer Höhenzündung auf die Startmasse des Trägersystems ist in Abb. 6.21 dargestellt, wobei sich gegenüber der vollkryogenen Version die Startmasse um etwa 100 t erhöht. Grundsätzlich zeigt sich die gleiche Charakteristik mit dem Anstieg der Startmasse bei geringen Zündungshöhen. Auch der anschließende Abfall mit zunehmender Zündungshöhe durch den Gewinn des größeren spezifischen Impulses in der Zentralstufe sowie die Zunahme aufgrund der zu stark steigenden Triebwerksmassen ist vergleichbar. Eine etwas andere Charakteristik zeigt sich dagegen im weiteren Verlauf der Kurven. Die Verringerung der Startmasse bei einer Zündungshöhe über etwa 10 km fällt, verglichen mit dem vollkryogenen Träger, beim Einsatz von

$LO_2$/RP1 in den Boostern geringer aus. Beim gleichzeitigen Betrieb von mittel- und hochenergetischen Stufen erhöht sich der mittlere spezifische Impuls gegenüber der Betriebsphase mit rein mittelenergetischen Treibstoffen. Dies erklärt die geringere Abnahme der Startmassen mit zunehmender Zündungshöhe. Auch bei einer Verwendung von $LO_2$/RP1 als Boostertreibstoff liegt das optimale Öffnungsverhältnis für eine Höhenzündung der Zentralstufe um $\varepsilon = 150$. Bei einer genaueren Betrachtung der benachbarten Kurven geht jedoch die Tendenz zu etwas größeren Öffnungsverhältnissen des Zentralstufentriebwerks verglichen mit der vollkryogenen Variante. Dies deutet auf den größeren Anteil der hochenergetischen Zentralstufe an der Beschleunigungsaufgabe hin. Die für das System mit der geringsten Startmasse von knapp 500 t resultierende Schubbeschleunigung beim Start beträgt $1{,}43 \cdot g_0$.

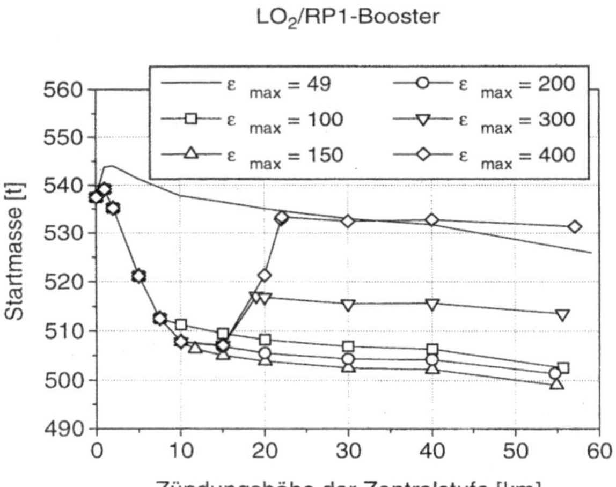


Abb. 6.21: Startmasse bei Höhenzündung mit Variation des maximalen Düsenöffnungsverhältnisses (Boostertreibstoff $LO_2$/RP1)

Beim Vergleich der einzelnen Treibstoffzuladungen (Abb. 6.22) ergibt sich eine Charakteristik, die im wesentlichen der des vollkryogenen Träger entspricht. Die Unterschiede liegen im wesentlichen in der Treibstoffzuladung. Interessant erscheint der Effekt des nahezu gleichen Verlaufs der Treibstoffzuladung der Zentralstufen, wobei die Werte für das Trägersystem mit $LO_2$/RP1-Boostern generell nahezu konstant etwa 10 t über denen des vollkryogenen Trägers liegen.

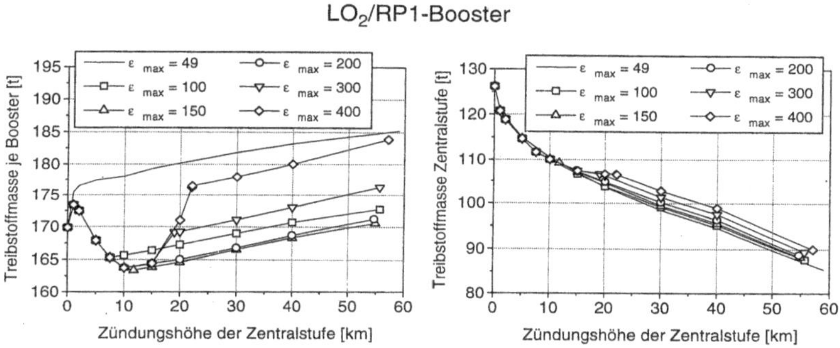


Abb. 6.22: Treibstoffmassen bei Höhenzündung mit Variation des maximalen Düsenöffnungsverhältnisses (Boostertreibstoff $LO_2$/RP1)

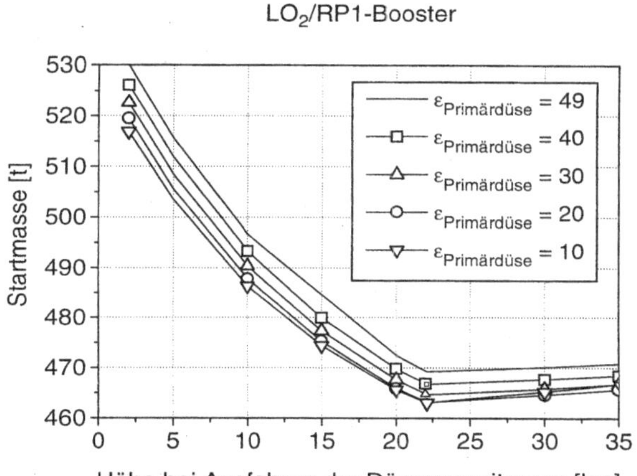


Abb. 6.23: Startmasse bei Verwendung einer Ausfahrdüse in der Zentralstufe mit Variation des Öffnungsverhältnisses der Primärdüse (Sekundärdüse nach Abb. 6.7 mit $\varepsilon_{max} \leq 400$; Boostertreibstoff $LO_2$/RP1)

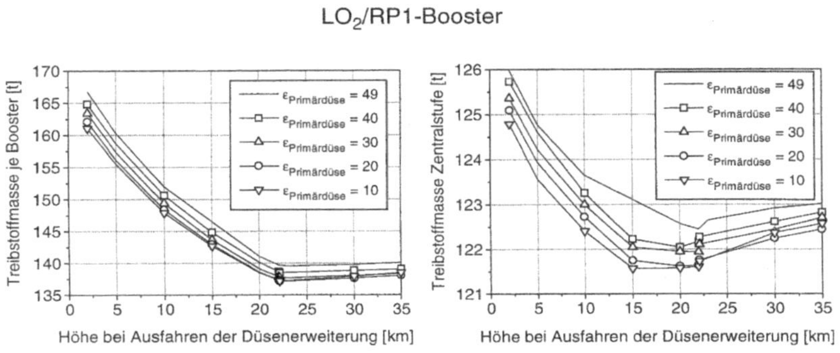


Abb. 6.24: Treibstoffmassen bei Verwendung einer Ausfahrdüse in der Zentralstufe mit Variation des Öffnungsverhältnisses der Primärdüse (Sekundärdüse nach Abb. 6.7 mit $\varepsilon_{max} \leq 400$)

Die Resultate der Betrachtung eines mit ausfahrbarer Düsenerweiterung ausgestatteten Zentralstufentriebwerks zeigen Abb. 6.23 und 6.24. Auch hier zeigt sich generell das von der Untersuchung am vollkryogenen Träger bekannte Ergebnis mit dem Hauptunterschied einer höheren erforderlichen Treibstoffmasse zur Erfüllung der Transportanforderung von konstant 20 t. Die Startschubbeschleunigung ergibt sich für den Träger mit der niedrigsten Startmasse zu $1{,}74 \cdot g_0$.

Die in Bezug auf minimale Startmasse optimale Konfiguration ergibt sich analog den Systemen mit $LO_2/LH_2$ als Treibstoff bei einem möglichst großen Öffnungsverhältnis der Ausfahrdüse, verbunden mit einem kleinen Öffnungsverhältnis der Primärdüse von etwa $\varepsilon = 20$ zur Erhöhung des Bodenschubs.

## 6.4 Feststoffbooster

Echte Parallelstufung in der Praxis bedeutet bis heute ausschließlich die Verwendung von Feststoffmotoren als Booster. Als Beispiel seien SPACE SHUTTLE, TITAN 3 und 4, H-II sowie in nächster Zukunft ARIANE 5 genannt [49]. Sie bieten den Vorteil einer geringeren Komplexität verglichen mit Flüssigkeitsstufen und deren Antriebssystem, sowie den damit verbundenen niedrigeren Kosten. Auf der anderen Seite sind die reinen Treibstoffkosten selbst deutlich höher als bei Flüssigkeitsstufen. Abgesehen von kleinen Raumfahrtträgern wie SCOUT oder – mit Einschränkungen – PEGASUS finden Feststofftriebwerke ihr Hauptanwendungsgebiet als Starthilfsraketen, parallel angeordneten Boosterstufen oder Apogäums-Kickmotoren, wobei die Einsatzgebiete zu Beginn und am Ende einer Aufstiegsbahn von unterschiedlichen Ansätzen geprägt sind. Der Auswahl von festem Treibstoff zur Zirkularisierung von Satelliten liegt der Gedanke eines zuverlässigen und einfachen Antriebssystems zugrunde, während in der Startphase eines Trägersystems insbesondere die Fähigkeit ausgenützt wird, einen hohen Schub mit geringem Aufwand liefern zu können. Die dabei im Inneren des Feststoffmotors auftretenden hohen Drücke erfordern den Einsatz eines stabilen und damit schweren Gehäuses. Gerade diese Stabilität bietet jedoch einen großen Vorteil von Feststoff- gegenüber Flüssigkeitsboostern: Die großen Schubkräfte werden primär über die massiven Boostergehäuse geleitet und entlasten somit deutlich die Zentralstufe, die lediglich den Schub ihres eigenen Triebwerks zu übertragen hat. Ein Vergleich der für TITAN 3C sowie ARIANE 5 modellierten Zentralstufenmassen mit den tatsächlichen Werten zeigen in der Realität eine Reduzierung der Trockenmassen um etwa 20 % gegenüber der Massenabschätzung aus dem hier verwendeten Modell. Demnach lassen sich Zentralstufen bei der Verwendung von Feststoffboostern durch die geringeren Anforderungen an die Lastaufnahme leichter bauen als beim Einsatz von Flüssigkeitsboostern. Diese Tendenz wird aus Entwicklungskreisen des europäischen Trägersystems ARIANE 5 bestätigt [50].

Um eine gemeinsame, vergleichbare Basis zu den bisher untersuchten Varianten zu schaffen, wurde auch hier bei gegebenen spezifischen Impulsen der Massendurchsatz der Feststoffmotoren so gewählt, daß sich bei der Nutzlastanforderung von 20 t in den Referenzorbit von 120 × 463 km die gleiche Startbeschleunigung im Vergleich zum vollkryogenen Referenzträger ergibt. Dieses Vorgehen dient jedoch lediglich der Festlegung des Boosterschubs und berücksichtigt nicht die sinnvollerweise größere Startbeschleunigung von Systemen mit Feststoffboostern gegenüber Trägern mit Flüssigkeitsboostern. Da jedoch die bei einer Bodenzündung der Zentralstufe vorliegenden Startschubbeschleunigungen mit $1{,}50 \cdot g_0$ bereits recht hoch ist, werden die grundsätzlichen Vorteile der Feststoffbooster erfaßt. Die zunächst betrachtete Höhenzündung der Zentralstufe ergibt bei den untersuchten Feststoffsystemen eine höhere Startbeschleunigung gegenüber Flüssigkeitssystemen, da der Anteil des Zentralstufentriebwerks am Gesamtschub niedriger liegt. Erst für den im weiteren Verlauf der Untersuchungen folgenden Vergleich der Trägersysteme mit verschiedenen Boostertreibstoffen untereinander werden die jeweiligen Systeme durch steigende Nutzlastanforderungen in ihrer Leistungsfähigkeit ausgenützt werden. Einen Überblick über den betrachteten Feststoffmotor gibt Tab. 6.5.

Tab. 6.5: Kenngrößen der Feststoffbooster

| | | |
|---|---|---|
| Massendurchsatz $\dot{m}$ | 2260 | [kg/s] |
| spez. Bodenimpuls $I_{sp,SL}$ | 240,1 | [s] |
| spez. Vakuumimpuls $I_{sp,vac}$ | 273,9 | [s] |

Die Zentralstufe besitzt $LO_2/LH_2$ als Treibstoff und ist mit dem bereits beschriebenen Basistriebwerk (Tab. 6.3) ausgestattet.

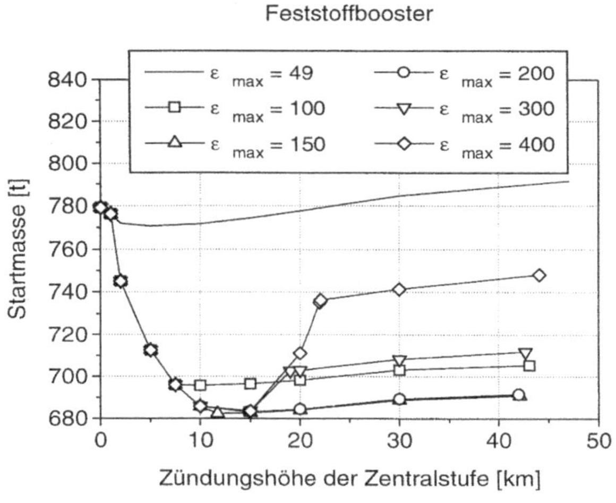


Abb. 6.25: Startmasse bei Höhenzündung mit Variation des maximalen Düsenöffnungsverhältnisses

Eine Betrachtung der minimalen Startmassen bei Höhenzündung des Zentralstufentriebwerks in Abb. 6.25 zeigt eine Charakteristik, die sich von den Resultaten der Flüssigkeitsbooster unterscheidet. Bereits bei geringen Zündungshöhen tritt eine Verringerung der Startmasse ein, obwohl die Festtreibstoffmasse bis 1 km Höhe etwas zunimmt (Abb. 6.26). Hier überwiegt die Abnahme der Treibstoffmasse der Zentralstufe, für die sich ein Verlauf einstellt, der gegenüber der Boosterversion mit $LO_2/LH_2$ um etwa 30 t, gegenüber der Version mit $LO_2$/RP1-Boostern um etwa 20 t nach oben verschoben ist. Ansonsten hat mit zunehmender Zündungshöhe die Treibstoffzuladung der Zentralstufe unabhängig vom Boostertreibstoff eine nahezu identische Charakteristik. Im Unterschied zu den Betrachtungen mit flüssigem Boostertreibstoff zeigt sich bei Feststoffmotoren ein absolutes Minimum der Startmasse bei einer Zündungshöhe von etwa 12 km. Die mit darüber hinaus steigender Zündungshöhe zunehmende Startmasse ist auf den großen Massenanteil der Feststoffbooster am Gesamtsystem zurückzuführen. Als zusätzlichen Effekt erhöht eine frühe Zündung der Zentralstufe den mittleren spezifischen Impuls, so daß unter diesem Aspekt eine möglichst lange gemeinsame Brennphase angestrebt wird.

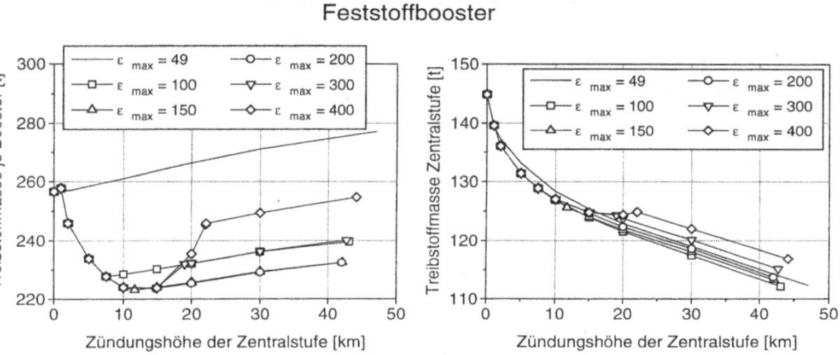


Abb. 6.26: Treibstoffmasse je Booster bei Höhenzündung mit Variation des maximalen Düsenöffnungsverhältnisses

Der Trend zu größeren Öffnungsverhältnissen des Zentralstufentriebwerks aus der Betrachtung des Boosters mit $LO_2$/RP1 setzt sich bei den Feststoffboostern fort und liegt optimal bei einem $\varepsilon$ von nahezu 200. Damit stellt die Leistungssteigerung trotz der damit verbundenen Massenzunahme einen positiven Trend dar, wenn die Anforderungen nach einem größeren Anteil der hochenergetischen Zentralstufe an der Transportaufgabe verlangen. Die gesamten Startmassen liegen für die Version mit Feststoffbooster etwa 200 bis 250 t über der Version mit $LO_2$/RP1.

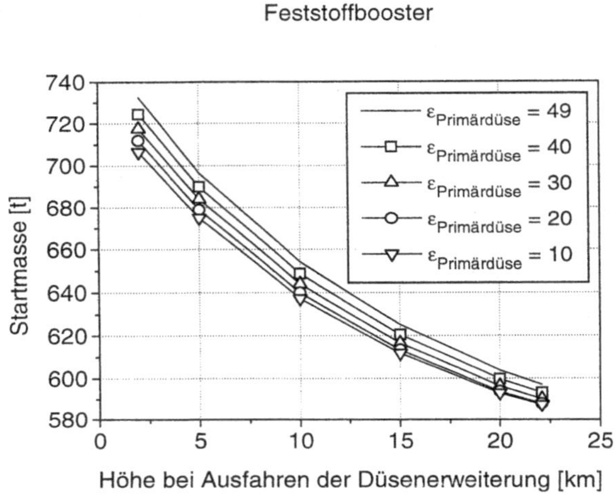


Abb. 6.27: Startmasse bei Verwendung einer Ausfahrdüse in der Zentralstufe mit Variation des Öffnungsverhältnisses der Primärdüse (Sekundärdüse nach Abb. 6.7 mit $\varepsilon_{max} \leq 400$)

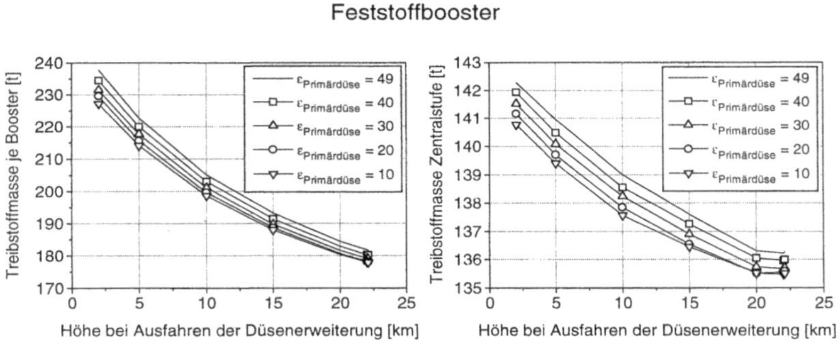


Abb. 6.28: Treibstoffmasse je Booster bei Verwendung einer Ausfahrdüse in der Zentralstufe mit Variation des Öffnungsverhältnisses der Primärdüse (Sekundärdüse nach Abb. 6.7 mit $\varepsilon_{max} \leq 400$)

Die Untersuchungen eines Parallelstufers mit Feststoffmotoren und einem Zentralstufentriebwerk mit Ausfahrdüse zeigen das bereits von der voll- und teilkryogenen Version bekannte Ergebnis mit dem gleichen Resultat. Für einen optimalen Aufstieg des Trägersystems ist die Ausfahrdüse in Betrieb zu nehmen, sobald der entsprechende spezifische Impuls über dem der Primärdüse liegt. Dies minimiert die erforderlichen Treibstoffmassen in allen Stufen nach Abb. 6.27 und Abb. 6.28.

## 6.5 Vergleich der Konfigurationen

Die vorangegangenen Untersuchungen hatten zum Ziel, die jeweiligen Charakteristiken bei Höhenzündung der Zentralstufe oder beim Einsatz einer Ausfahrdüse zu erfassen, ohne eine vergleichende Beurteilung vorzunehmen. Ein solcher Vergleich kann auf zweierlei Basis stattfinden: Zum einen auf einer rein technologischen Betrachtung unter Berücksichtigung der Transportleistungen, zum anderen auf der Grundlage von Kostenbetrachtungen zur Einbindung der immer wichtiger werdenden wirtschaftlichen Aspekte oder dem Zwang zur Kostenreduzierung in der Raumfahrt.

In die vergleichenden Betrachtungen wird als zusätzlicher Träger ein tandemgestuftes Gerät mit flüssigen Treibstoffen aufgenommen, um die relativen Transportleistungen bzw. die Wirtschaftlichkeit der parallelgestuften Systeme beurteilen zu können. Dies geschieht vor dem Hintergrund vieler praktisch im Einsatz befindlicher Trägerraketen mit Tandemanordnung. Der betrachtete Tandemstufer besitzt eine Unterstufe, welche mit dem hochenergetischen Treibstoff $LO_2/LH_2$ oder dem mittelenergetischem $LO_2$/RP1 betrieben wird. Die Oberstufe arbeitet grundsätzlich mit $LO_2/LH_2$. Die verwendeten Triebwerke entsprechen dabei denen der im Rahmen der Voruntersuchungen beschriebenen Basisversionen (Tab. 6.3 und 6.4), wobei in der Unterstufe ein Düsenöffnungsverhältnis von $\varepsilon = 25$, in der Oberstufe ein $\varepsilon = 150$ zugrundegelegt wird. Diese Öffnungsverhältnisse ergeben sich aus den Voruntersuchungen der parallelgestuften Systeme mit Hinblick auf die ähnlichen Trennbedingungen bei Parallel- und Tandemstufung. Die äquivalente Triebwerksanzahl von sechs Triebwerken in der Unterstufe sowie einem Triebwerk in der Oberstufe gewährleistet eine vergleichbare Basis.

### 6.5.1 Leistungsbetrachtungen

Die Betrachtungen basieren auf der jeweils optimalen Konfiguration der Parallelstufer, wie sie im Rahmen der Voruntersuchungen ermittelt wurde. Darauf aufbauend erfolgt eine Variation der vorgegebenen Nutzlastmassen, um die jeweils minimale Startmasse zu ermitteln. Dies gewährleistet die Erfassung des Aufwandes zum Transport einer definierten Nutzlast in den Zielorbit, wobei die Randbedingungen dem vorangegangenen Abschnitt entsprechen und aus dem Startort Kourou sowie der geplanten Bahn der ursprünglichen internationalen Raumstation FREEDOM bestehen. Zusätzlich zu den Nutzlastmassen ist jeweils die Schubbeschleunigung beim Start angegeben, deren unterer Rand auf $1{,}2 \cdot g_0$ festgesetzt wird. In der Praxis können sich bei geringeren Werten Stabilitätsprobleme in der Anfangsphase der Aufstiegsbahn ergeben. Im Gegensatz zu den Voruntersuchungen wird das maximale Öffnungsverhältnis einer Ausfahrdüse in den weiteren Betrachtungen auf $\varepsilon = 300$ begrenzt. Dieser Grenzwert ergibt sich durch das Oberstufentriebwerk des horizontal startenden Raumtransporterentwurfs SÄNGER [51], eine weitere Steigerung erscheint unter Festigkeitsüberlegungen bei großen Triebwerken als nicht mehr vertretbar, ohne die Düsenmasse deutlich zu erhöhen.

#### 6.5.1.1 Treibstoffkombination $LO_2/LH_2$ in Booster- bzw. Unterstufe

Die Verwendung gleicher Treibstoffe in allen Stufen resultiert in einem tandem- und sechs parallelgestuften Trägersystemen. Von den Parallelstufern besitzt das System mit Höhenzündung die schlechtesten Transportleistungen (Abb. 6.29), obwohl im Rahmen der Voruntersuchungen der Eindruck entstehen konnte, als würde sich die Verringerung der Startmasse durch eine Zündung bei Boosterbrennschluß positiv auf die Leistungsfähigkeit auswirken. Die Ursache für diesen Trugschluß liegt unter anderem in der Wahl der Referenzkonfiguration mit Bodenzündung und einer Nutzlastkapazität von 20 t. Wie sich bei einem Vergleich von Abb. 6.29 und 6.30 zeigt, erreichen die Trägersysteme ihre jeweils optimale Nutzlast bei minimaler Startbeschleunigung. Diese Aussage gilt jedoch nur eingeschränkt für den hier vorliegenden Fall einer konstanten Antriebscharakteristik bei einer variablen Treibstoff- und damit verbundenen Strukturmasse. Das Referenzkonzept hatte durch diese bewußt gewählte Definition das maximale Transportpotential nicht ausgeschöpft. Erhöht man nun die Treibstoffmasse bis zum Erreichen der minimalen Beschleunigung, so steigt die Nutzlastkapazität auf knapp 24 t.

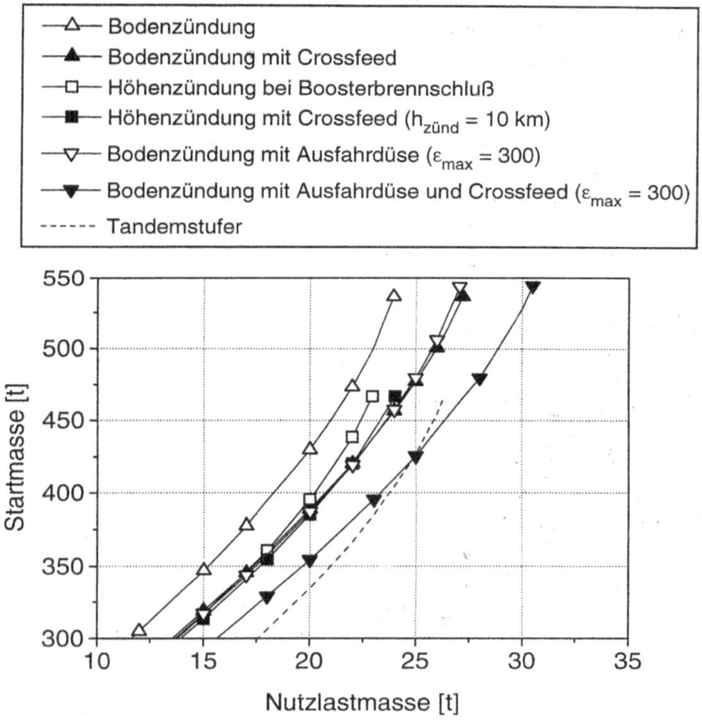


Abb. 6.29: Minimale Startmasse in Abhängigkeit von der Nutzlastmasse (Treibstoffkombination $LO_2/LH_2$)

Wird nun dazu übergegangen, ein Triebwerk nicht beim Start, sondern erst in größeren Höhen zu zünden, so muß die Treibstoffmasse reduziert werden, um einen Start mit ausreichender Schubbeschleunigung überhaupt erst zu ermöglichen. Mit der sinkenden Treibstoffmasse fällt auch die Nutzlastkapazität auf knapp 23 t. Die hier einsetzende Argumentation, diese Nutzlastmasse könne mit Höhenzündung bei einer geringeren Startmasse transportiert werden, ist insofern zu relativieren, als das System mit Bodenzündung sich wiederum vom Optimum der minimalen Anfangsbeschleunigung entfernt hat. Um bei gleicher Nutzlastkapazität und identischer Startbeschleunigung einen Vergleich anzustellen, wären andere Triebwerke mit geringerem Schub und – damit verbunden – mit geringerer Masse erforderlich. Man erkennt schnell, daß sich hier ein weites Feld potentieller Betrachtungen auftut, das den Rahmen der vorliegenden Arbeit sicherlich sprengt und die vorgenommene Beschränkung rechtfertigt.

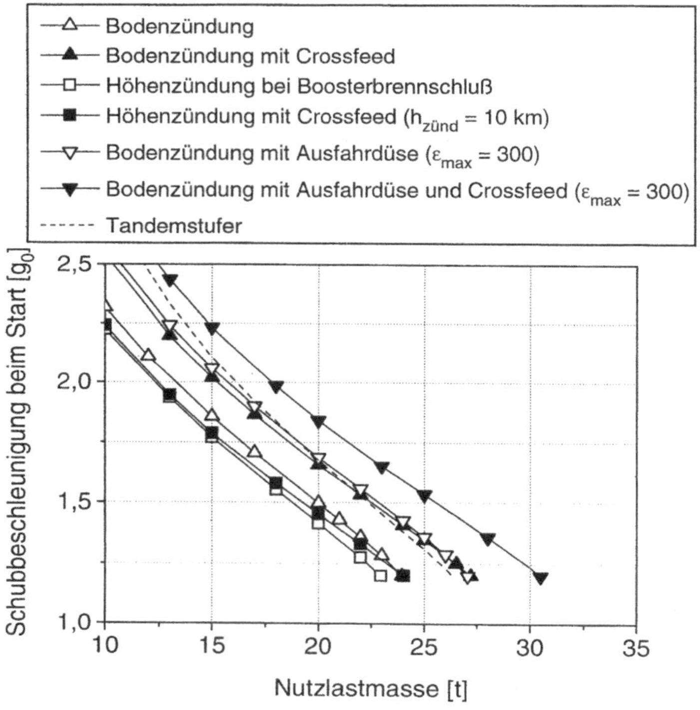


Abb. 6.30: Startbeschleunigung in Abhängigkeit von der Nutzlastmasse (Treibstoffkombination $LO_2/LH_2$)

Deutlich höhere Transportleistungen mit etwa 27 t erbringt das System unter Verwendung einer Ausfahrdüse, deren Primärteil den Aufstieg bereits vom Start an unterstützt. Diese Transportleistungen geben jedoch, wie bereits im Rahmen der Voruntersuchung angesprochen, gegebenenfalls einen optimistischen Rand an, da keine Untersuchungen bezüglich thermischer und mechanischer Belastbarkeit sowie der geometrischen Integration des während des Betriebs auszufahrenden Düsenabschnittes angestellt wurden. Darüber hinaus steht das entsprechende Modell zur Abschätzung der Ausfahrdüsenmassen auf einer unsicheren Basis.

Die jeweils möglichen Nutzlastgewinne durch Umpumpen des Treibstoffs aus den Boostern zur Speisung des Zentralstufentriebwerks („Crossfeed“) liegen zwischen etwa 1 t bei einer Höhenzündung und gut 3 t bei einer Zündung aller Triebwerke beim Start sowie beim Einsatz einer Ausfahrdüse. Deutlich ist in diesem Zusammenhang der größere Nutzlastgewinn bei Transportsystemen mit früher Zündung des Zentralstufentriebwerks zu erkennen. Die Möglichkeit der Nutzlaststeigerung durch Crossfeed erscheint demnach vielversprechend, da der damit verbundene Aufwand für zusätzliche Treibstoffleitungen und Ventile gering ist und das Verfahren, wenn auch mit gänzlich anderen Zielsetzungen, grundsätzlich bereits beim amerikanischen SPACE SHUTTLE realisiert ist.

Das tandemgestufte Trägersystem schneidet bei einem Vergleich mit den Parallelstufern gleicher Technologie am besten ab. Die deutlich höhere Nutzlastkapazität gegenüber dem System mit Höhenzündung bei Brennschluß der Booster erstaunt auf den ersten Blick etwas. Bei einer genaueren Betrachtung ist diese Differenz jedoch in der Konfiguration begründet. Der Parallelstufer besitzt in der Zentralstufe das schwere Schubgerüst, das den gesamten Schub der Booster einleiten muß. Es kann nicht zusammen mit den Boostern abgetrennt, sondern muß es als nicht unerhebliche Totmasse in den Orbit transportiert werden. Der Tandemstufer dagegen muß zwar eine zusätzliche Zwischenstufe transportieren, kann diese aber zusammen mit der Unterstufe sowie deren schwerem Schubgerüst bei der Stufenseparation abtrennen. Durch die grundsätzlich wesentlich höhere Nutzlastempfindlichkeit auf Massenvariationen in Oberstufen gegenüber Unterstufen [36] wird dieser Effekt deutlich hervorgehoben.

Die Problematik beim Betrieb einer Ausfahrdüse mit der nur jeweils für eine der beiden Betriebsarten idealen Kontur und dem damit verbundenem Divergenzwinkel wurde bereits angesprochen. Generell wird man die Düse für den Vakuumbereich optimal auslegen, da einerseits im ersten Abschnitt der Aufstiegsbahn das Zentralstufentriebwerk nur einen geringen Teil des Gesamtschubs beisteuert, andererseits der größte Teil der Bahn in den dünnen Luftschichten der oberen Atmosphäre verläuft. Um das absolute Optimum bestimmen zu können, erfolgt eine zusätzliche Betrachtung einer idealen 2-Positionsdüse, die in beiden Betriebsarten eine optimale Düsenkontur bereitstellt. Theoretisch könnte man sich eine Umsetzung über eine flexible Düsenwandung vor-

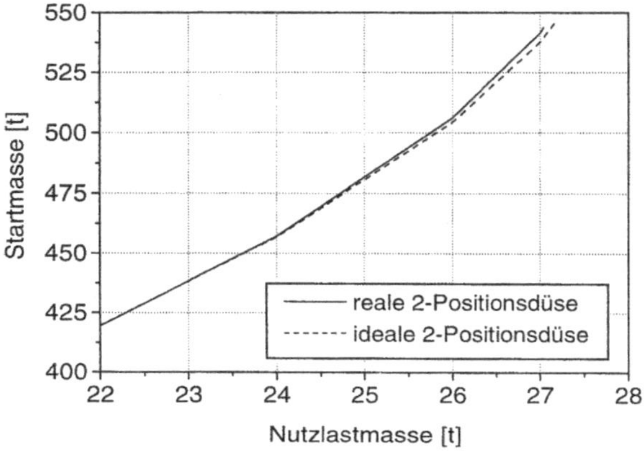


Abb. 6.31: Maximaler Nutzlastgewinn bei optimalen Divergenzwinkeln von Primär- und Ausfahrdüse (ideale 2-Positionsdüse)

stellen, jedoch spricht wohl die praktische Realisierbarkeit aufgrund der thermischen und mechanischen Belastungen dagegen. Als eine mögliche Annäherung an diese Problematik der idealen 2-Positionsdüse sei hier nur eine Doppel-Glockendüse genannt. Diese Düsenform besteht aus einer Glockenkontur des Primärteils, an den sich eine weitere Glockenform für den höhenangepaßten Betrieb anschließt. Hier fänden sich keine mechanisch bewegten Teile und die Abgasströmung würde sich entsprechend den Umgebungsbedingungen an die jeweilige Kontur anlegen [52]. Der maximale Nutzlastgewinn einer idealen 2-Positionsdüse gegenüber einer real verwirklichbaren ist nur gering und macht sich erst bei niederen Startbeschleunigungen etwas bemerkbar (Abb. 6.31). Dies wird verständlich, wenn man bedenkt, daß ein Träger mit einer realen Ausfahrdüse durch niedrigere Nutzlastanforderungen und den in dieser Betrachtung damit verbundenen höheren Startbeschleunigungen schneller Bereiche mit niedrigem Umgebungsdruck erreicht. Dort machen sich die größeren Divergenzverluste der Primärdüse durch den Betrieb der Ausfahrdüse nicht mehr bemerkbar.

#### 6.5.1.2 Treibstoffkombination $LO_2$/RP1 in Booster- bzw. Unterstufe

Bei der Ermittlung der maximalen Nutzlastverhältnisse mit konstanter Triebwerkscharakteristik zeigen sich bei einer Verwendung von $LO_2$/RP1 (Abb. 6.32 und 6.33) ähnliche Verhältnisse wie bei den vollkryogenen Trägersystemen, auch wenn die erzielbaren Nutzlastmassen niedriger liegen. Dies liegt jedoch in der Wahl der Referenzkonfiguration mit der dabei gestellten Forderung nach gleicher Startbeschleunigung gegenüber einer vollkryogenen Version bei einer Nutzlastkapazität von 20 t begründet und kann nicht verallgemeinert werden.

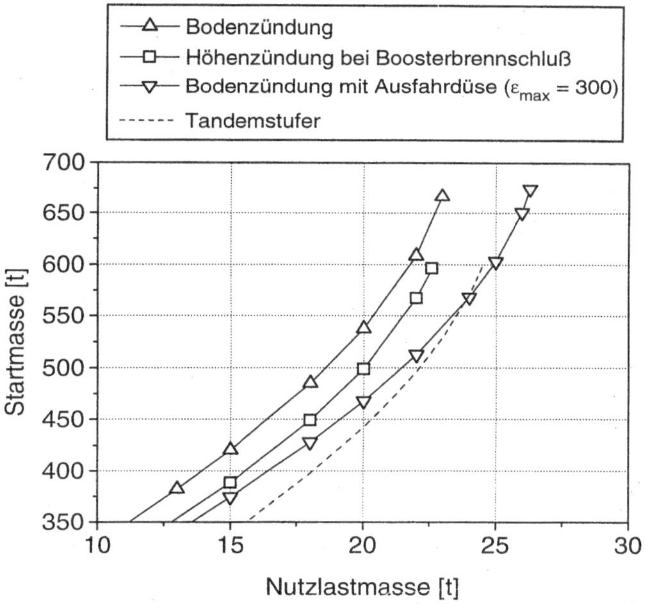


Abb. 6.32: Minimale Startmasse in Abhängigkeit von der Nutzlastmasse (Boostertreibstoff $LO_2$/RP1)

Auch hier besitzt das Trägersystem mit Bodenzündung ein größeres Nutzlastpotential verglichen mit einer Höhenzündung des Zentralstufentriebwerks, der Unterschied fällt jedoch geringer aus als bei einer Verwendung von $LO_2$/$LH_2$ als Boostertreibstoff. Die Ursache liegt im größeren Schub der Boostertriebwerke, so daß der zusätzlich eingebrachte Schub des Zentralstufentriebwerks in der anfänglichen Beschleunigungsphase einen kleineren Anteil besitzt und sich demzufolge ein Wegfall durch spätere Zündung nicht so deutlich bemerkbar macht. Der Einsatz einer höhenangepaßten Ausfahrdüse steigert die maximale Nutzlastmasse auf gut 26 t, verglichen mit etwa 22,5 t bei Höhenzündung sowie 23 t bei Bodenzündung. Ein tandemgestufter Träger mit gleicher Treibstoffkombination stellt unter Vernachlässigung des fortgeschrittenen Systems mit Ausfahrdüse das günstigste System dar.

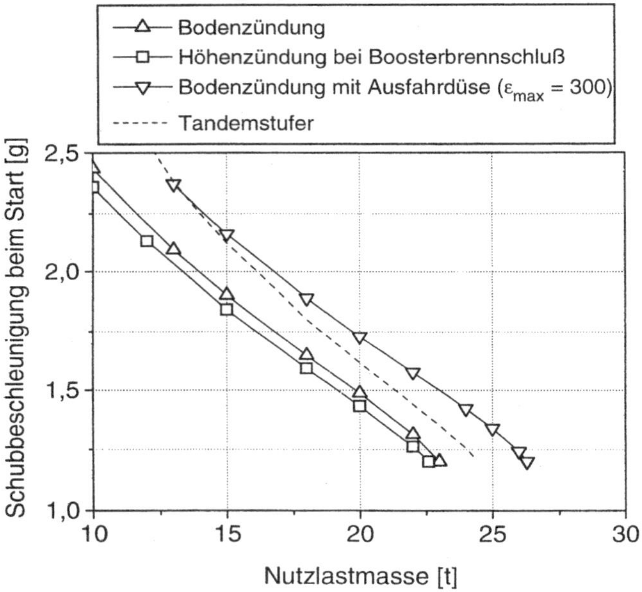


Abb. 6.33: Startbeschleunigung in Abhängigkeit von der Nutzlastmasse (Boostertreibstoff $LO_2$/RP1)

Die Startmassen liegen trotz der geringeren Nutzlastmassen etwa 130 t über denen der vollkryogenen Trägersysteme. Um eine entsprechende Nutzlastangleichung zu erreichen, wäre eine weitere Erhöhung der Startmasse mit damit verbundener Triebwerksvergrößerung erforderlich.

### 6.5.1.3 Feststoffbooster

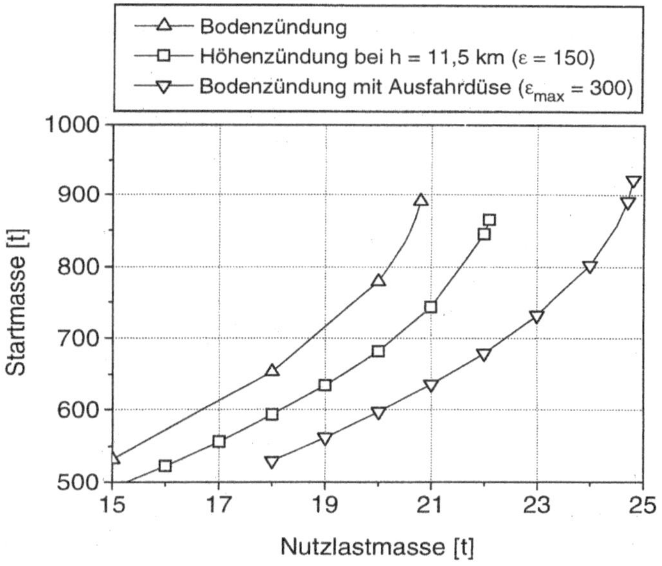


Abb. 6.34: Minimale Startmasse in Abhängigkeit von der Nutzlastmasse (Feststoffbooster)

Bei einem Einsatz von Feststoffboostern verstärkt sich der Effekt des geringeren Anteils des Zentralstufentriebwerks am Gesamtschub soweit, daß eine Höhenzündung mit der damit verbundenen angepaßten Düse höhere Nutzlasten bei gleichzeitig niedriger Startmasse transportieren kann. Ein ähnliches Konzept ist beim Trägersystem TITAN 3 mit Zündung der Zentralstufe bei Boosterbrennschluß verwirklicht, während in der vorliegenden Untersuchung das Zentralstufentriebwerk bereits in einer Höhe von 11,5 km gezündet und ein Teil des Aufstiegs zusammen mit den Feststoffboostern betrieben wird. Die jeweils beste Lösung muß beim Entwurf, unter Beachtung der möglichen Auslegungsparameter wie beispielsweise der Triebwerkscharakteristik, gefunden werden. In diesem Zusammenhang ist zu erwähnen, daß TITAN 3 nicht als Raumtransportsystem geplant wurde, sondern sich schrittweise aus einem militärischen Träger entwickelt hat. Dies kann zu Randbedingungen in der Konstruktion führen, die lediglich eine suboptimale Trägerauslegung zur Folge haben.

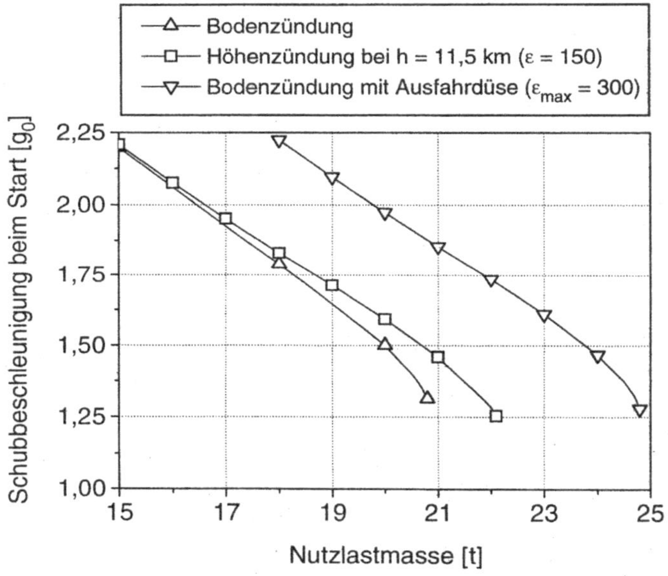


Abb. 6.35: Startbeschleunigung in Abhängigkeit von der Nutzlastmasse (Feststoffbooster)

Bei einer Betrachtung der Startbeschleunigungen in Abb. 6.35 fällt auf, daß keine der untersuchten Versionen die gesetzte Untergrenze von $1{,}2 \cdot g_0$ erreicht. Bei einer weiteren Treibstofferhöhung steigt zwar das vom Träger zur Verfügung gestellte ideale Geschwindigkeitsvermögen, jedoch nehmen auch die Gravitationsverluste durch den damit verbundenen langsameren Aufstieg zu und verhindern eine weitere Zunahme der Nutzlastkapazität. Abb. 6.36 zeigt für ein System mit Bodenzündung die maximal erreichbaren Nutzlastmassen in Abhängigkeit der Treibstoffzuladungen in Boostern und Zentralstufe bei unverändertem Triebwerksschub.

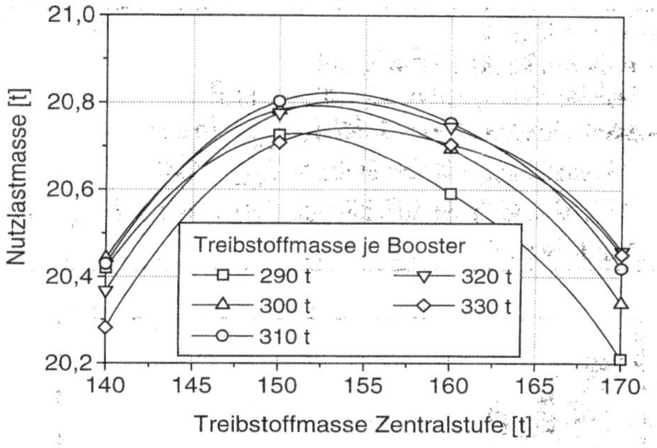


Abb. 6.36: Maximale Nutzlastmasse bei Bodenzündung der Zentralstufe in Abhängigkeit der Treibstoffmassen in Feststoffboostern und Zentralstufe mit Treibstoff $LO_2/LH_2$ (Triebwerksschub = const.)

## 6.5.2 Kostenbetrachtungen

Neben der rein technologischen Leistungsfähigkeit verstärkt sich in jüngerer Zeit der Wunsch nach wirtschaftlicheren Transportsystemen. Eine Möglichkeit, Träger mit unterschiedlicher Nutzlastkapazität von diesem Standpunkt aus zu beurteilen, bieten die spezifischen Transportkosten. Dies sind die Kosten, die entstehen, um ein kg Nutzlast in einer Umlaufbahn bzw. hier im Transferorbit zu positionieren. Zur Abschätzung der spezifischen Kosten ist ein basierendes Missionsszenario erforderlich. Im Rahmen dieser Untersuchung wird dazu ein Einsatz des jeweiligen Trägersystems über 15 Jahre mit einer jährlichen Rate von 8 Starts betrachtet.

Es existieren zwei unterschiedliche Ansätze, um die Transportkosten zu erfassen. Während der eine vom privatwirtschaftlichen Ansatz ausgeht und die anfallenden Entwicklungskosten in die Kalkulation einbezieht, kommt der andere Ansatz dem tatsächlichen Vorgehen im Raumfahrtbereich näher. Hier werden üblicherweise die Entwicklungskosten von übergeordneten Organisationen getragen, so daß lediglich die Kosten für Fertigung, Bereitstellung und Betrieb des Trägersystems anfallen.

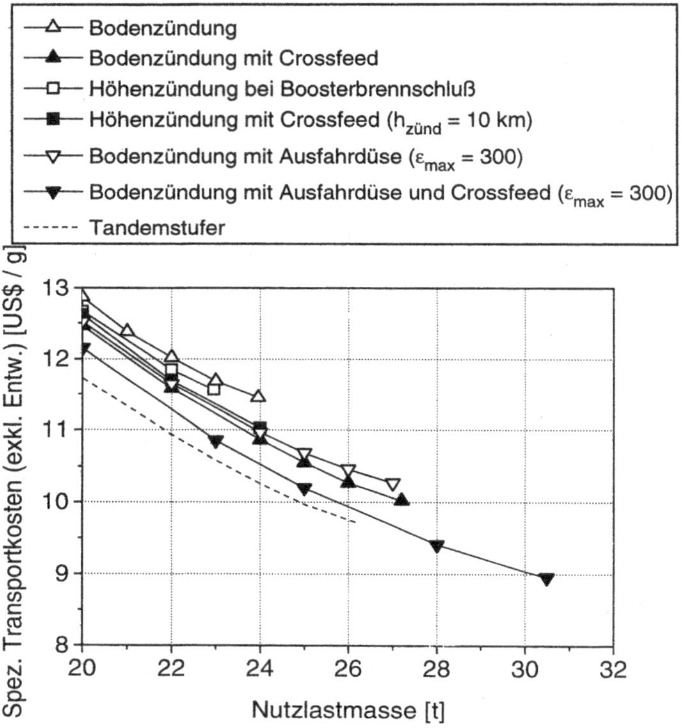


Abb. 6.37: Spezifische Transportkosten exklusive der Entwicklungskosten (Treibstoffkombination $LO_2/LH_2$, Bezugsjahr 1993)

Bei allen angestellten Kostenbetrachtungen ist anzumerken, daß sie ohne Berücksichtigung der Kapitalbereitstellungskosten durchgeführt werden. Diese Kosten sind insbesondere in Zinszahlungen zu sehen, die im wesentlichen von den Rückzahlungsmodi abhängen. Analog zu anderen Bereichen des täglichen Lebens können sie die Gesamtkosten um bis zu 100 % erhöhen.

Bei einem Vergleich der spezifischen Transportkosten für Trägersysteme mit hochenergetischen Treibstoffen in beiden Stufen zeigt sich im Bereich gleicher Nutzlastmassen die tandemgestufte Konfiguration als die kostengünstigste. Dies trifft sowohl bei einer Kalkulation ohne (Abb. 6.37) als auch mit (Abb. 6.38) Entwicklungskosten zu. Die niedrigen spezifischen Kosten des Trägers mit Ausfahrdüse und Crossfeed ergeben sich aus der deutlich größeren Leistungsfähigkeit bei vergleichbaren Startmassen gegenüber den übrigen parallelgestuften Trägersystemen. Dieser Vorteil verringert sich jedoch deutlich, bezieht man den hohen Entwicklungsaufwand eines im Betrieb ausfahrenden 2-Positionstriebwerks ein (Abb. 6.38).

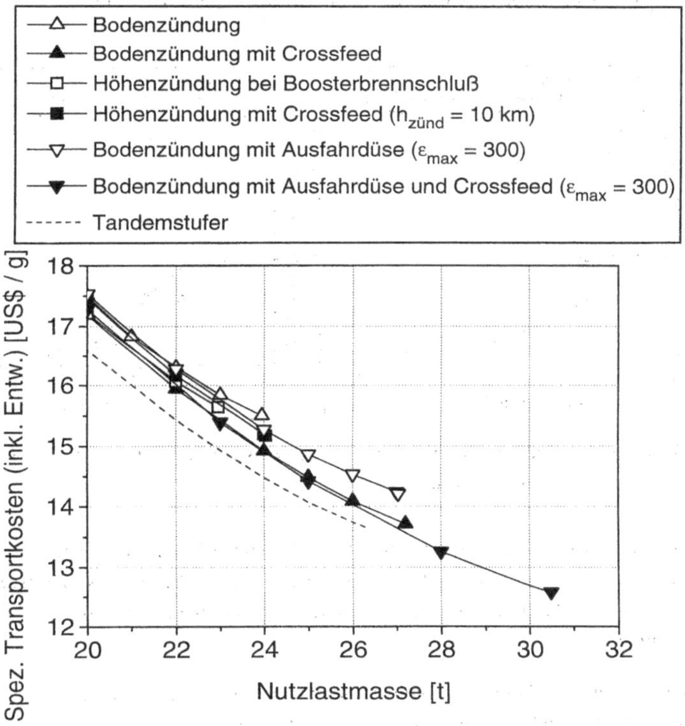


Abb. 6.38: Spezifische Transportkosten inklusive der Entwicklungskosten (Treibstoffkombination $LO_2/LH_2$, Bezugsjahr 1993)

Bei einer Betrachtung der Systeme mit der Treibstoffkombination $LO_2$/RP1 zeigt sich eine noch ausgeprägtere Kostenreduzierung durch die Verwendung einer Ausfahrdüse gegenüber parallelgestuften Systemen gleicher Treibstoffkombination (Abb. 6.39). Die spezifischen Transportkosten liegen jedoch generell deutlich über denen für reine $LO_2/LH_2$-Träger. Die Ursachen sind einerseits im Zwang zur Entwicklung zweier völlig unterschiedlicher Triebwerke zu sehen, für die sich auch in der Produktion trotz gleichen Lernfaktors von 0,9 eine geringere Kostenreduktion einstellt als bei gleichen Basistriebwerken in allen Stufen. Auf der anderen Seite sind die Start- und damit auch die Leermassen größer als bei vergleichbaren $LO_2/LH_2$-Systemen, woraus sich eine Erhöhung sowohl der Entwicklungs- als auch der Produktionskosten ergibt.

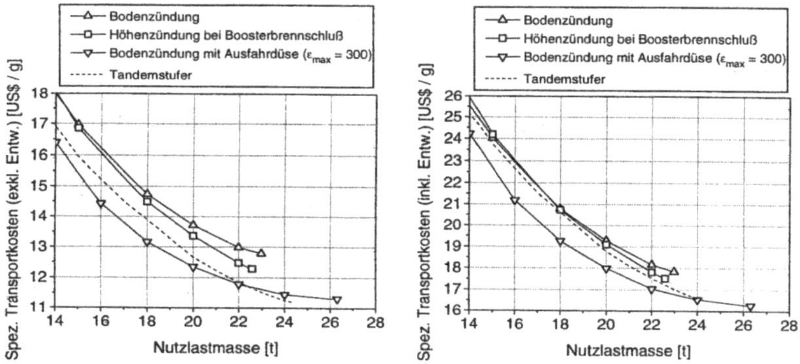


Abb. 6.39: Spezifische Transportkosten für Trägersysteme mit $LO_2$/RP1 als Erststufentreibstoff (Bezugsjahr 1993)

Der Einsatz von Feststoffboostern bringt trotz der hohen Startmassen eine deutliche Reduktion der Transportkosten mit sich (Abb. 6.40). Entsprechend der Nutzlastkapazität fällt auch hier die große Differenz zwischen den verschiedenen Betriebsmodi der Zentralstufe auf.

Für alle betrachteten Treibstoffkombinationen liegen die spezifischen Kosten bei Einbeziehung des Entwicklungsaufwandes etwa um 50 % höher als bei einer Berücksichtigung der reinen Produktions- und Betriebskosten. Dies macht deutlich, wie wichtig bei einem Vergleich von Transportsystemen die Kenntnis der zugrundegelegten Kalkulationsbasis ist.

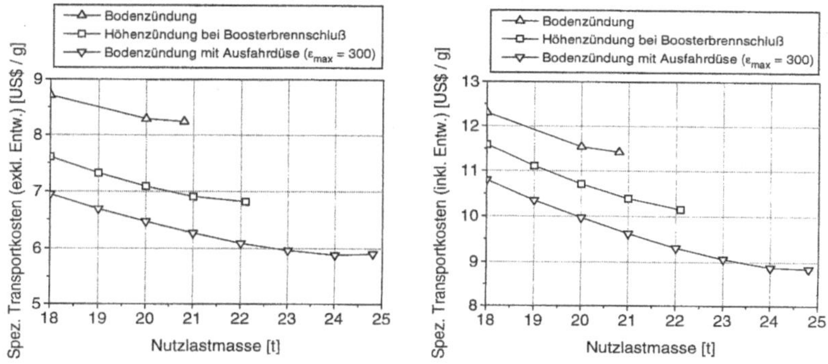


Abb. 6.40: Spezifische Transportkosten für Systeme mit Feststoffbooster (Bezugsjahr 1993)

Obwohl die Transportleistungen bei der Verwendung von Feststoffboostern deutlich hinter denen von Trägern, die in allen Stufen die hochenergetische Treibstoffkombination $LO_2/LH_2$ einsetzen, zurückliegen, ergeben sich aus der Kostenschätzung wirtschaftliche Vorteile im Rahmen von etwa 50 % niedrigeren spezifischen Transportkosten. Dies scheint die Praxis zu bestätigen, da für Boosterstufen bisher lediglich feste Treibstoffe verwendet wurden. Viele der Studien über zukünftige Transportsysteme zielen auf wiederverwendbare Flüssigkeitsbooster; ob sich diese Systeme aber tatsächlich zur angestrebten Kosteneinsparung eignen, sei dahingestellt.

# 7 Einstufige Raketenträgersysteme

Neben der mehrstufigen Wiederverwendbarkeit existiert innerhalb der Raumfahrtgemeinde eine Gruppe, die das größte Potential zur Kostenreduktion in einer einstufigen Wiederverwendung sieht. Der Vorteil wird dabei neben den geringeren Produktionskosten für weniger, mehrfach einsetzbare Träger in den operativen Vorteilen bei der Verwendung von nur einer Stufe gesehen. Diese Gedanken ziehen sich bereits seit Jahren durch die Literatur, ohne daß es zu Ansätzen einer Realisierung gekommen wäre [53], [54]. Erst in jüngster Zeit wurde das DELTA CLIPPER-Programm vorgestellt, das in seinem mehrphasigen Aufbau zu einem voll wiederverwendbaren einstufigen Raumtransporter führen soll [55].

Um das Potential einer solchen Konfiguration unter realistisch erscheinenden Bedingungen und verfügbarer Technologie abzuschätzen, werden die erarbeiteten und in den vorangegangenen Kapiteln beschriebenen Modelle auf einen Verlust-Einstufer angewandt. Die Vorgabe besteht in einer Startmasse von 1000 t sowie der hochenergetischen Kombination aus $LO_2$ und $LH_2$ als Treibstoff. Um eine gute Leistungsfähigkeit zu erreichen, sollen fünf schubverstärkte Triebwerke von der Charakteristik des SSME-Triebwerks zum Einsatz kommen. Für das alternativ dazu erwogene Nebenstromtriebwerk STME sind in der Literatur stark voneinander abweichende Leistungsdaten zu finden ([18], [56]), so daß mit diesen vorliegenden Daten keine konsistente Modellierung möglich ist. Nicht zuletzt auch aus Leistungsgründen wird deshalb auf

Tab. 7.1: Kennwerte des zugrundegelegten $LO_2/LH_2$-Hauptstromtriebwerks

| Treibstoffkombination | $LO_2/LH_2$ | |
|---|---|---|
| Brennkammerdruck $p_c$ | 205 | [bar] |
| Mischungsverhältnis $\Phi$ | 6 | [-] |
| Düsenöffnungsverhältnis $\varepsilon$ | 79 | [-] |
| spez. Bodenimpuls $I_{sp,SL}$ | 362,0 | [s] |
| spez. Vakuumimpuls $I_{sp,vac}$ | 452,1 | [s] |

SSME-Eckwerte zurückgegriffen. Die sich damit ergebenden Triebwerksparameter zeigt Tab. 7.1, der zur Erzielung einer maximalen Nutzlast erforderliche Massendurchsatz je Triebwerk wird gemäß Abb. 7.1 zu 760 kg/s ermittelt. Die Schubbeschleunigung von etwa 1,38·$g_0$ beim Start gewährleistet auch einen gewissen Sicherheitsfaktor, da selbst bei einem kurz nach Zündung ausfallenden Triebwerk eine ausreichende Beschleunigung erbracht werden kann, um einen geplanten Missionsabbruch zu gewährleisten.

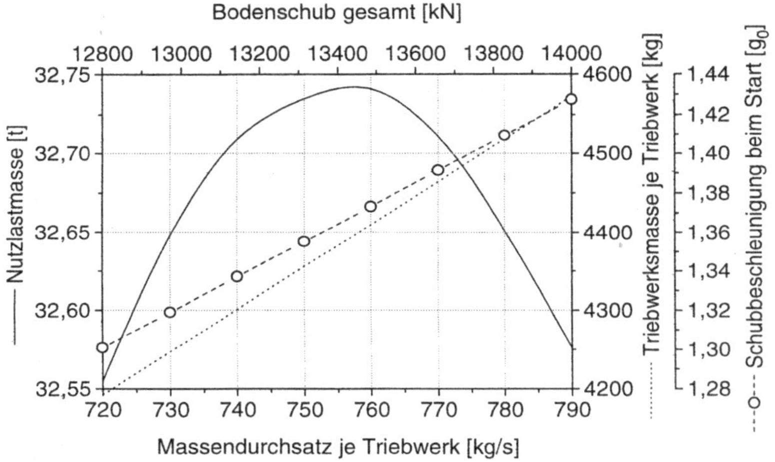


Abb. 7.1: Nutzlast- und Triebwerksmasse in Abhängigkeit des gesamten Bodenschubs für schubverstärktes SSME-Triebwerk

Die fünf Triebwerke werden in einem sternförmigen Schubgerüst gelagert, wobei beim Erreichen der Beschleunigungsgrenze von 4,5·$g_0$ jeweils zwei gegenüber liegende Triebwerke gemeinsam gedrosselt werden. Bei einem Verhältnis von Länge zu Durchmesser entsprechend der ARIANE 5-Zentralstufe ergibt sich mit einem Basisdurchmesser von 9,7 m ausreichend Platz zum Einbau der Triebwerke. Die Zielbahn wird abweichend von den Betrachtungen zweistufiger Systeme auf eine Transferbahn 80×463 km mit einer Inklination von 28,5° festgesetzt. Diese Bahn mit dem niedrigeren Perigäum verhindert zwar durch zu hohe Wärmebelastungen den vorzeitigen Abwurf der Nutzlastverkleidung, stellt jedoch insgesamt für ein einstufiges Trägersystem eine günstigere Lösung als eine Bahn mit einer Perigäumshöhe von 120 km dar. Startort ist der europäische Weltraumbahnhof in Kourou, der sich besonders bei den nutzlastsensitiven Einstufern durch seine Äquatornähe eignet.

Die Optimierung erfolgt auf der Basis der maximalen Nutzlastbestimmung bei gegebener Treibstoffmasse, wobei sich letztere mit Hinblick auf die geforderte Startmasse zu 875 t ergibt und im weiteren Verlauf der Untersuchungen konstant gehalten wird. Ausgehend von dieser Grundkonfiguration nach Abb. 7.1 mit knapp 33 t Nutzlastmasse in den Transferorbit wird durch eine Verkürzung eines Teils der Düsen der Bodenschub erhöht. Die damit verbundenen Verluste im Vakuumbereich fallen nur gering ins Gewicht, da durch die vorgegebene Beschleunigungsgrenze ein Teil der Triebwerke bereits vor Brennschluß abgeschaltet werden muß. Als Nebeneffekt verringert sich durch dieses Vorgehen zusätzlich die Düsenmasse. Bei maximalem Öffnungsverhältnis des mittleren Triebwerks (3) von $\varepsilon = 79$ erfolgt eine Variation der übrigen Triebwerkssätze (1) und (2) jeweils für zwei gegenüberliegende Triebwerke gemeinsam. Die Bezeichnung der Triebwerkssätze erfolgt dabei in der Reihenfolge ihrer Abschaltung.

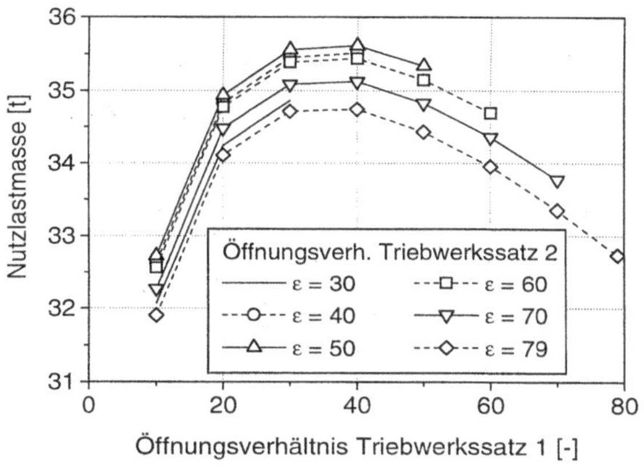


Abb. 7.2: Nutzlastgewinn eines Verlust-Einstufers durch den Einsatz angepaßter Düsen

In Abb. 7.2 repräsentiert der Endpunkt der Linie rechts unten den Ausgang der Variation, woraus sich durch die Veränderung der Öffnungsverhältnisse auf $\varepsilon_1 = 40$ und $\varepsilon_2 = 50$ ein Nutzlastgewinn von maximal knapp 3 t erkennen läßt.

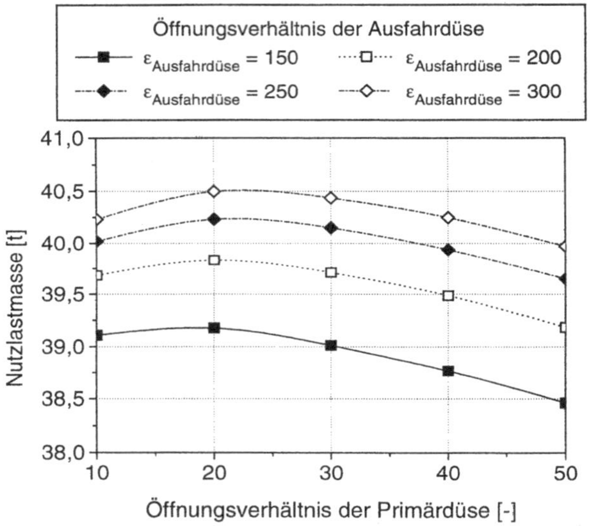


Abb. 7.3: Nutzlastmassen bei Verwendung einer Ausfahrdüse im Zentraltriebwerk

Tab. 7.2: Düsenenddurchmesser der Ausfahrdüsen im Vergleich zur Standarddüse

| **Öffnungsverhältnis [–]** | **Düsenenddurchmesser [m]** |
|---|---|
| 79 | 2,95 |
| 150 | 4,06 |
| 200 | 4,69 |
| 250 | 5,24 |
| 300 | 5,74 |

Ausgehend von dieser leistungsoptimierten Triebwerksauslegung zeigt Abb. 7.3 die möglichen Nutzlastmassen in den Transferorbit bei einer Verwendung einer Ausfahrdüse im Zentraltriebwerk. Trotz der höheren Divergenzverluste einer kleinen Primärdüse ergeben sich jeweils optimale Leistungswerte für ein Öffnungsverhältnis der Primärdüse von $\varepsilon_3 \approx 20$. Die zu Nutzlastgewinne gegenüber der leistungsoptimierten Version aus Abb. 7.2 liegen damit in einem Bereich von etwa 3,5 – 5 t.

Neben den bereits im Abschnitt der Triebwerksmodellierung angesprochenen Problematiken einer Ausfahrdüse sowie deren Massenmodellierung ist hier insbesondere der Düsenenddurchmesser nach Tab. 7.2 in Hinblick auf den Basisdurchmesser des Trägersystems kritisch zu betrachten. Da sich der bereits angesprochene Basisdurchmesser von 9,7 m auf einen zylinderförmigen Rumpf bezieht, die Vorschläge für Einstufer in der Literatur aber einen etwas kegelförmigen Querschnitt besitzen [53] – [55], sind im Rahmen der hier durchgeführten Leistungsbetrachtungen keine absoluten Grenzen anzugeben, sondern sind vielmehr von der individuellen Konzeption des Trägers abhängig. Auf Grund der Unsicherheiten bei der Auslegung und dem Betrieb einer Ausfahrdüse wird ein solches Triebwerksdesign nicht weiter betrachtet, sondern die weiteren Untersuchungen auf den leistungsoptimalen Träger nach Abb. 7.2 konzentriert.

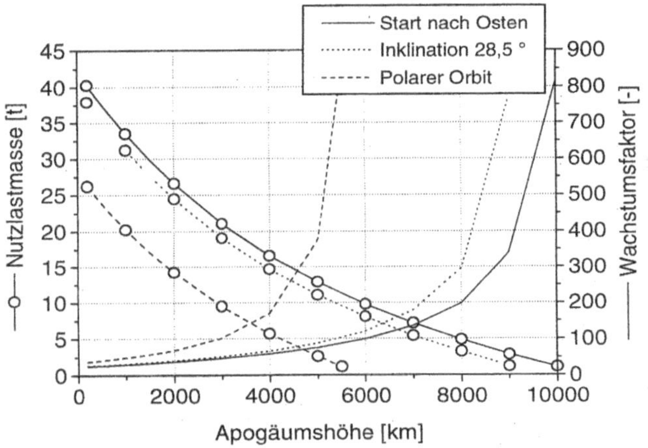


Abb. 7.4: Nutzlastmassen und Wachstumsfaktoren für einstufige Raumtransporter mit optimalen Öffnungsverhältnissen beim Start nach Osten bzw. in einen polaren Orbit.

Mit den aus Abb. 7.2 ermittelten Werten erfolgt eine Betrachtung der Nutzlastkapazität bei einer Variation der Apogäumshöhe. Als Ränder des Variationsbereichs gilt eine Untergrenze von 200 km, nach oben erfolgt eine Variation, bis die Nutzlastmasse auf etwa 1 t gesunken ist. Geringere theoretische Nutzlasten erscheinen vor dem Hintergrund großer Struktur- und Treibstoffrestmassen mit Hinblick auf die Unsicherheiten einer Modellierung fragwürdig.

Aus den Ergebnissen in Abb. 7.4 geht hervor, daß mit dem Einstufer selbst in der betrachteten Größenordnung keine direkten Missionen in den geostationären Transferorbit durchgeführt werden können. Vielmehr liegen die Beschränkungen bei einer Apogäumshöhe von 10 000 km für einen Start in östlicher Richtung unter maximaler Ausnutzung des Rotationsgewinns und bei gut der Hälfte für polare Missionen. Für niedrige Zielbahnen ergeben sich allgemein brauchbare Nutzlasten, auch wenn der dafür aufzubringende Aufwand mit einer Startmasse von rund 1000 t nicht unerheblich ist. Wie stark der Einfluß des Rotationsgewinns bedingt durch die Erddrehung ist, zeigt sich bei einer Betrachtung der Nutzlastmassen bei unterschiedlichen Zielbahninklinationen (Abb. 7.5).

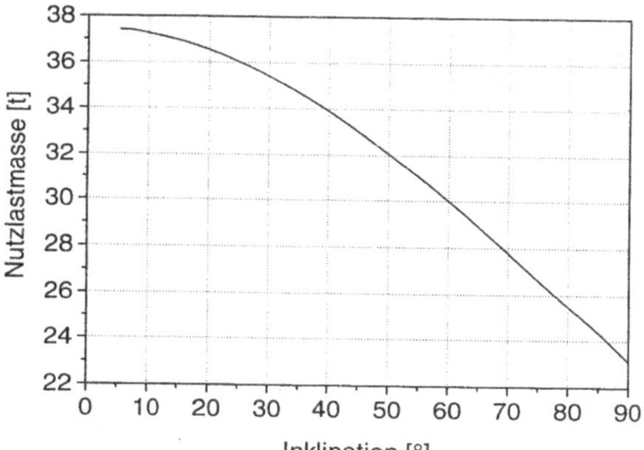


Abb. 7.5: Nutzlastmasse in Abhängigkeit der Zielbahninklination bei optimalem Öffnungsverhältnissen der Düsen nach Abb. 7.2

Da nahezu alle Vorschläge einstufiger Trägersysteme ([53] - [55]) auf Wiederverwendung abzielen, wird im folgenden eine Abschätzung eines solchen Geräts mit heute verfügbarer Technologie durchgeführt. Bei einstufigen Systemen ist dies gegenüber mehrstufigen einfacher, da der zusätzliche Massenaufwand direkt von der Nutzlastkapazität abgezogen werden kann. Die Massen der notwendigen Energieversorgung und Lageregelung werden anhand von Werten des SPACE SHUTTLE abgeschätzt [1], da beide Systeme mit rund 100 t Leermasse in einer vergleichbaren Größenordnung liegen. Der für den Wiedereintritt erforderliche ablative Wärmeschutz wird nach [7] ermittelt. Zugrundegelegt wurde die Annahme, daß 1 % der auftretenden Wärmeenergie auf das Fahrzeug übergeht. Eine Verdoppelung dieser Masse geschieht unter Berücksichtigung der erforderlichen Isolation gegenüber der tragenden Struktur des Systems. Weiterhin ist eine signifikante Treibstoffmasse zur Zirkularisierung in der Kreisbahn von 463 km sowie zum Abbremsen vor Beginn des Wiedereintritts erforderlich, deren Masse über die Raketengrundgleichung ermittelt wird.

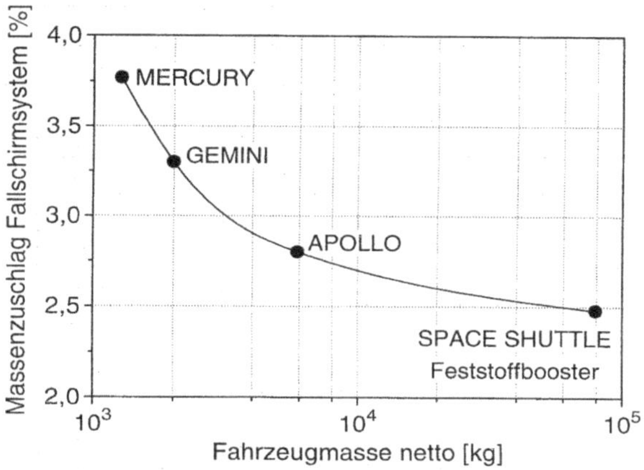


Abb. 7.6: Massenzuschlag zur Fahrzeugnettomasse für Fallschirmsysteme

Die Vorschläge zur Landung der Systeme sind in den Projektvorschlägen sehr unterschiedlich gelöst. Im Rahmen der Untersuchung wird für die primäre Abbremsung nach dem Wiedereintritt ein Fallschirmsystem betrachtet, dessen Masse sich anhand vorliegender Daten [57] entsprechend Abb. 7.6 abschätzen läßt. Die für ein definiertes Aufsetzen auf festem Untergrund erforderlichen Landebeine werden mit 2 % der

Startmasse des hier betrachteten Geräts berücksichtigt. Der Bezug auf die Startmasse geschieht unter Berücksichtigung einer Notfallsituation unmittelbar nach dem Start, bei der das Trägersystem mit nahezu voller Treibstoffbeladung sicher landen können muß.

Tab. 7.3: Massenbilanzen eines wiederverwendbaren einstufigen Raumtransporters (Nutzlast des Verlustgerätes in den Transferorbit 80×463 km, $i$ = 28,5°: 35,62 t)

| Subsystemmassen eines wiederverwendbaren Einstufers [t] | | | |
|---|---|---|---|
| | | normales Design | Design-Untergrenze |
| Struktur | | 48,72 | 48,72 |
| Schubgerüst | | 10,81 | 10,81 |
| Triebwerke | | 19,35 | 19,35 |
| Treibstoffreste | | 8,15 | 8,15 |
| Nutzlastverkleidung | | 3,80 | 3,80 |
| Leermasse Verlustgerät | | 90,83 | 90,83 |
| Ausrüstungsabteil | | 1,22 | 1,00 |
| Strukturverstärkung (normal:10 %; Untergrenze: ≈ 1 %) | | 8,47 | 0,90 |
| Energieversorgung | | 0,50 | 0,50 |
| Treibstoffe | Zirkularisierung | 3,41 | 4,00 |
| | Orbitale Manöver | 1,50 | |
| | Retrokick | 3,28 | |
| | Landephase | 8,90 | 8,90 |
| Steuertriebwerke | | 0,50 | 0,50 |
| Wärmeschutzsystem | Ablativ | 4,00 | 4,00 |
| | Isolierung | 4,00 | 4,00 |
| Fallschirmsystem | | 3,10 | 3,10 |
| Landetriebwerke und Tanks | | 1,00 | 1,00 |
| Landebeine | | 20,00 | 6,00 |
| Summe der Zusatzmassen | | 59,88 | 33,90 |
| Verbleibende Nutzlast bei Wiederverwendung | | – 24,26 !!! | 1,72 |

Zur Minimierung der Landebeinbelastungen erfolgt vor dem Aufsetzen ein kurzer Bremsimpuls. Dazu ist ein Triebwerkssystem mit lagerfähigen Treibstoffkomponenten erforderlich, die auch nach der starken Wärmebelastung durch den Wiedereintritt in flüssiger Form zur Verfügung stehen. Die Abschätzung der dazu erforderlichen Treibstoffmasse geschieht unter der Berücksichtigung einer gewissen Manövrierfähigkeit während der Landephase, die Tank und Triebwerksmassen ergeben sich aus einer Betrachtung der geplanten Oberstufe EPS des ARIANE 5-Trägersystems [58]. Die mit diesen Überlegungen resultierende Massenbilanz für das einstufige wiederverwendbare Trägersystem zeigt Tab. 7.3.

Durch die Berücksichtigung der für ein wiederverwendbares Trägersystem erforderlichen Massen sinkt die theoretische Nutzlastkapazität auf negative Werte. Damit zeigt sich selbst für große wiederverwendbare Einstufer unter Berücksichtigung der heute verfügbaren Technologien keine Realisierungschance. Um zumindest ohne Nutzlast die geforderte Mission durchführen zu können, wären Masseneinsparungen von über 15 % erforderlich.

Neben dieser normalen Auslegung sind in Tab. 7.3 die Massen für ein einstufiges, wiederverwendbares Trägersystem dargestellt, dessen Masse unter der Annahme einer geringeren Strukturverstärkung sowie geänderten Missionsanforderungen reduziert wird („Design-Untergrenze"). Dabei wird neben geringerem Treibstoffbedarf auf Grund einer fehlenden Zirkularisierung der Stufe sowie dem Verzicht auf Notlandeeigenschaften unmittelbar nach dem Start zusammen mit den reduzierten Strukturanforderungen insgesamt eine Masseneinsparung von etwa 26 t erreicht. Dies führt im Rahmen dieser Modellierung zu einer kleinen Nutzlast von ca. 1,7 t, die jedoch einen wirtschaftlichen Betrieb dieses wiederverwendbaren Einstufers nicht zulassen.

Bei den heute verwirklichten Strukturfaktoren realisierter Trägersysteme bietet eine Stufung den Vorteil einer größeren Nutzlastkapazität, bewirkt durch das Abtrennen nicht mehr benötigter Massen. Um einen Vergleich mit gestuften Geräten zu ermöglichen, erfolgt eine Auslegung zweistufiger Systeme in Tandem- und Parallelanordnung mit vergleichbarer Startmasse. Zusätzlich wird ein parallel angeordnetes Trägersystem untersucht, das von den Vorteilen des wenig aufwendig erscheinenden Crossfeeds zur Nutzlaststeigerung Gebrauch macht. Um die Vergleichbarkeit zu gewährleisten, kommen auch hier jeweils insgesamt fünf Triebwerke entsprechender Technologie zum Einsatz. Der Tandemstufer wird dabei mit vier Triebwerken in der Unterstufe und einem Triebwerk in der Oberstufe ausgestattet, die beiden Booster der Parallelanordnung erhalten jeweils zwei, die Zentralstufe ein Triebwerk. Der Massendurchsatz der Triebwerke wird so dimensioniert, daß die mehrstufigen Systeme mit einer Schubbeschleunigung von $1{,}2 \cdot g_0$ starten (Tab. 7.4).

Tab. 7.4: Triebwerksparameter der zweistufigen Trägersysteme

| | Tandemstufer | | Parallelstufer | |
|---|---|---|---|---|
| | Unterstufe | Oberstufe | Boosterstufe | Zentralstufe |
| Öffnungsverhältnis $\varepsilon$ | 50 | 150 | 50 | 79 |
| Massendurchsatz $\dot{m}$ | 775 | 775 | 627 | 627 |
| spezifischer Bodenimpuls $I_{sp,SL}$ | 387,6 | — | 387,6 | 362,0 |
| spezifischer Vakuumimpuls $I_{sp,vac}$ | 444,6 | 459,8 | 444,6 | 452,1 |
| Triebwerksmasse $m_{TW}$ | 3833 | 5943 | 3833 | 4410 |

Im Gegensatz zu der für einstufige Trägersysteme günstigeren Bahn von 80×463 km wird bei den zweistufigen Systemen der Einschuß in einen Transferorbit mit 120×463 km als Randbedingung der Aufstiegsbahn zugrundegelegt, der Start erfolgt bei allen Systemen in östlicher Richtung aus Kourou.

Tab. 7.5: Treibstoff- und Nutzlastmassen für ein- und mehrstufige Verlustträger bei 1000 t Startmasse (Zielbahninklination i = 28,5°)

| | Einstufer | Tandemstufer | Parallelstufer | Parallelstufer (Crossfeed) |
|---|---|---|---|---|
| Treibstoffmasse Erststufe [t] | 875,0 | 629,7 | 2 × 270,1 | 2 × 337,1 |
| Treibstoffmasse Zweitstufe [t] | — | 204,4 | 305,7 | 165,5 |
| Treibstoffmasse gesamt [t] | 875,0 | 834,1 | 845,9 | 839,7 |
| Nutzlastmasse [t] | 35,6 | 70,2 | 58,7 | 65,0 |
| Wachstumsfaktor [-] | 28,1 | 14,2 | 17,0 | 15,4 |

Die Resultate dieser Betrachtung sind in Tab. 7.5 gegenübergestellt, wobei durch die vergleichbare Ausstattung mit Triebwerken der Wachstumsfaktor in einem ersten Ansatz auch ein Maß für die zu erwartenden spezifischen Kosten darstellt. Generell bieten die zweistufigen Systeme eine deutlich höhere Transportleistung bei geringeren Treibstoffmassen gegenüber dem nicht wiederverwendbaren Einstufer. Dies gilt trotz des bei mehrstufigen Systemen vorliegenden höheren Strukturfaktors aufgrund der kleineren Stufen. Wie bereits in den Untersuchungen über parallelgestufte Trägersysteme zeigt auch hier die ungünstige Leermassenaufteilung des Parallelstufers bedingt durch die Schubeinleitungsstrukturen in der Zentralstufe ihren Einfluß in einer um etwa 15 % niedrigeren Nutzlastkapazität. Bei der Verwendung von Crossfeed sinkt dieser Anteil zwar auf rund die Hälfte, jedoch kann der negative Einfluß der Strukturbauweise verglichen mit der Tandemkonfiguration nicht ausgeglichen werden.

Die von den Befürwortern des einstufigen Raumtransporters angeführte Kostenreduktion kann sich bei einem Vergleich reiner Verlustsysteme nicht bestätigen. Die gegenüber einem Tandemstufer etwa halb so große Nutzlastkapazität würde eine doppelt so hohe Startzahl erfordern. Trotz der größeren produzierten Stückzahlen mit der damit verbundenen relativen Kostensenkung je Einheit werden die gesamten Produktionskosten nicht unter denen der mehrstufigen Systeme liegen. Weiterhin wird oftmals eine Startkostenreduktion durch die Handhabung nur einer Einheit im Vergleich zu mehreren Stufen mit dem unter anderem damit verbundenen Integrationsaufwand angeführt. Obwohl es theoretische Annahmen über die Höhe dieser Einsparungen gibt [46], werden sie nicht in der Größenordnung liegen, um den Nachteil der höheren Produktionskosten aufwiegen zu können. Wirtschaftlich gesehen scheint demnach der Einstufer in einer Verlustversion keine Konkurrenz zu den bisher eingesetzten mehrstufigen Systemen darzustellen [59].

Bei Einführung der Wiederverwendung bei Einstufern sinkt die Nutzlastkapazität je nach Auslegung gegen Null oder sogar auf negative Werte ab. Unter der Annahme gleicher Startmasse würde selbst eine geringe positive Nutzlastkapazität bei gleicher Transportanforderung durch das Missionsszenario zu einer deutlich höheren Startanzahl führen. Durch die geringe Anzahl der benötigten Geräte fielen die Kosteneinsparungen pro Gerät bedingt durch Serienproduktion deutlich geringer aus. Während sich bei den Betriebskosten eine Steigerung durch die Verlängerung der Mission mit Aufenthalt am Zielort und anschließender Rückkehr ergäbe, sind die Wartungskosten der größte Unsicherheitsfaktor in diesen Betrachtungen. Das SPACE SHUTTLE als erstes teilwiederverwendbares Raumtransportsystem konnte die Versprechungen geringerer Transportkosten nicht zuletzt durch den hohen Aufwand für die Überholung der Subsysteme nicht erfüllen.

# 8 Zusammenfassung und Ausblick

Im Rahmen dieser Arbeit wurden Modelle erarbeitet, die besonders im Bereich der Vorauslegung von Trägersystemen Einsatz finden. Diese Modelle konzentrieren sich auf den Bereich der Triebwerke sowie der Strukturen nicht-wiederverwendbarer Raketensysteme, deren Einfluß auf die Leistungsfähigkeit eines Trägers durch die Raketengrundgleichung dokumentiert wird.

Das Triebwerksmodell umfaßt sowohl die Leistungsabschätzung als auch die sich daraus ergebenden Massen auf der Basis eines gemischten statistisch-analytischen Ansatzes. Die Resultate zeigen eine gute Übereinstimmung bei der Nachrechnung realisierter Triebwerke. Neben konventionellen Düsenformen erlaubt das Modell auch die Betrachtung von Triebwerken mit Ausfahrdüse. Hier besteht allerdings die Problematik der direkten Massenverifikation, da bisher lediglich ein einziges Flüssigkeitstriebwerk mit einer 2-Positionsdüse realisiert worden ist. Bei diesem Triebwerk wird jedoch von einer Faltdüse gesprochen, da der bewegliche Düsenteil im Gegensatz zur Ausfahrdüse nicht während, sondern bereits vor der Zündung in Position gebracht wird.

Das Modell zur Abschätzung der Subsystemmassen von Raketenstufen ist auf einer rein statistischen Basis aufgebaut und bezieht sich auf die Daten existierender Systeme. Korrelationskurven auf einem nichtlinearen Ansatz ermöglichen die Erfassung des sogenannten Größeneffekts, nach dem sich große Strukturen im allgemeinen spezifisch leichter realisieren lassen. Durch eine Aufspaltung in die Subsysteme eines Raumfahrtträgers ergibt sich ein belastbares Modell, das bei Vergleichsrechnungen sehr gute Übereinstimmungen erbringt.

Den Schwerpunkt bildet eine genauere Betrachtung parallelgestufter Trägersysteme unter Einbeziehung unterschiedlicher Treibstoffkomponenten in den Boosterstufen, während die Zentralstufe in allen untersuchten Versionen mit dem hochenergetischen Treibstoff $LO_2/LH_2$ betrieben wird. Dabei wird neben einer Boden- eine mögliche Höhenzündung des Zentralstufentriebwerks als auch das Potential einer ausfahrbaren 2-Positionsdüse untersucht. Bei der Verwendung gleicher Treibstoffe in den Boostern und der Zentralstufe wird die Möglichkeit der Treibstofförderung aus den Boostern zum Zentralstufentriebwerk während der gemeinsamen Betriebsphase betrachtet.

Eine reine Leistungsbetrachtung führt dabei zu dem Ergebnis, daß unter der vorgegebenen Antriebscharakteristik die höchste Nutzlastkapazität mit vollkryogenen Treibstoffen zu erreichen ist, obwohl das größere Volumen des Brennstoffs $LH_2$ gegenüber dem dichteren RP1 zu größeren und damit schwereren Tankstrukturen führt. Bei der Verwendung von flüssigen Treibstoffen in den Boostern macht sich bei einer Höhenzündung das fehlende Antriebspotential des Zentralstufentriebwerks beim Start nachteilig bemerkbar, so daß bei einer derartigen Konfiguration eine Zündung aller Triebwerke am Boden Vorteile bietet. Im Gegensatz dazu können Feststoffmotoren mit ihrem hohen Schub diesen Nachteil der Höhenzündung kompensieren. Eine Zündung der Zentralstufe in größeren Höhen mit der damit verbundenen größeren Leistungsfähigkeit des Triebwerks sowie den geringeren Tankmassen läßt die Vorteile überwiegen, obwohl eine Zündung am Boden einen etwas größeren Zuverlässigkeitsaspekt beinhaltet. Bei einer Konfiguration mit Feststoffmotoren als Boosterstufe ist im Rahmen der Vorauslegung eine detaillierte Erfassung der auftretenden Verluste während des Aufstiegs erforderlich. Im Verlauf der Untersuchungen hat sich gezeigt, daß trotz ausreichender Startbeschleunigung, bedingt durch zunehmende Gravitationsverluste bei bestimmten Treibstoffzuladungen, keine weitere Nutzlaststeigerung möglich ist.

Die Einführung von Crossfeed bei der Auslegung von parallelgestuften Trägersystemen ergibt bei allen betrachteten Varianten Vorteile, die mit Hinblick auf den geringen technischen Aufwand eine intensivere Betrachtung nahelegen. Einen möglicherweise deutlichen Nutzlastgewinn verspricht der Einsatz von Ausfahrdüsen, der die Nachteile einer für den Bodenbetrieb angepaßten Düse des Zentralstufentriebwerks vermeidet und durch das geringere Öffnungsverhältnis des Primärabschnittes mit der damit verbundenen Schuberhöhung das Betriebsverhalten deutlich verbessert. Diese Ergebnisse sind jedoch kritisch zu bewerten, da insbesondere die Massenmodellierung eines solchen Triebwerks auf keiner breiten Basis steht und zudem im Rahmen dieser Untersuchung thermische sowie mechanische Belastungsgrenzen der strahlungsgekühlten Düsenerweiterung nicht betrachtet wurden.

Ein Vergleich der Transportleistungen mit tandemgestuften Trägersystemen zeigt einen deutlichen Vorteil zugunsten der Tandemanordnung. Die erklärt sich in erster Linie aus den ungünstigeren Massenverhältnissen einer Zentralstufe bei paralleler Anordnung, bei der die schweren Schubeinleitungsstrukturen bis in den Zielorbit beschleunigt werden müssen. Demgegenüber kann beim Tandemstufer zusätzlich zu den Schubgerüsten der Unterstufe die zusätzlich erforderliche Zwischenstufenstruktur bei der Stufenseparation abgetrennt werden. Die etwas leichtere Strukturausführung bei parallelgestuften Geräten aufgrund der geringeren vorherrschenden Biegemomente konnte bedingt durch die fehlende Datenbasis nicht ermittelt werden. Hier ist derzeit ein analytisches Modell zur Bestimmung der Strukturmassen erforderlich, das die Nachteile der parallelen Konfiguration etwas, wenn auch nicht drastisch, verringern könnte.

Die Einbeziehung einer Kostenbetrachtung der Konfigurationen ergibt deutlich geringere spezifische Transportkosten für die Version mit Feststoffboostern im Vergleich zu den Trägern mit Flüssigkeitsboostern. Dies erklärt sich durch den technisch einfachen Aufbau dieses Antriebstyps und scheint den in der Praxis eingeschlagenen Weg zu bestärken. Die hohe Anforderung an die Leistungsfähigkeit eines System hat früher den Ausschlag zugunsten der tandemgestuften Systeme mit flüssigen Treibstoffen gegeben, während die in jüngerer Zeit verstärkt aufkommende Forderung nach wirtschaftlichen Trägern den Weg zu parallel angeordneten Stufen mit großen Feststoffboostern vorgibt. Inwieweit sich dieser Zwang zu ökonomischen Trägersystemen mit den auch verstärkt aufkommenden ökologischen Überlegungen vereinen läßt, wäre Aufgabe einer detaillierteren Betrachtung.

Am Ende der Untersuchungen steht die Anwendung der erarbeiteten Modelle auf große Trägerraketen mit einer Startmasse von 1000 t, wobei das Hauptaugenmerk auf ein einstufiges System gerichtet wurde. Dabei zeichnet sich – begünstigt durch die Fahrzeuggröße – die generelle Realisierbarkeit einer nicht wiederverwendbaren Version ab, wobei jedoch der Nutzlastanteil um etwa die Hälfte geringer ausfällt als bei gestuften Systemen. Leistungssteigerungen des einstufigen Systems sind zwar innerhalb gewisser Grenzen durch eine Anpassung der Düsenöffnungsverhältnisse an die jeweiligen Betriebsbedingungen oder der Verwendung einer Ausfahrdüse möglich, der Vergleich mit mehrstufigen Systemen gleicher Größenordnung zeigt jedoch den deutlichen Nachteil der einstufigen Version auf. Der bei einer wiederverwendbaren Auslegung von Einstufern zusätzliche Massenaufwand läßt unter Verwendung derzeitig verfügbarer Technologie abhängig von den Designannahmen die Nutzlastkapazitäten gegen Null oder sogar in den negativen Bereich abfallen.

# 9 Formelzeichen

## Bezeichnungen:

$a$ große Halbachse [m]

$c^*$ charakteristische Geschwindigkeit [m/s]

$d$ Durchmesser [m]

$e$ Exzentrizität [-]

$g_0$ Gravitationsbeschleunigung auf Erdoberfläche [m/s$^2$]

$h$ Höhe über NN [m]

$i$ Inklination [rad]

$m$ Masse [kg]

$m_E$ Masse der Erde [kg]

$\dot{m}$ Massendurchsatz [kg/s]

$p$ Druck [bar]

$q$ Staudruck [N/m$^2$]

$r$ Flugkörperabstand vom Erdmittelpunkt [m]

$t$ Zeit [s]

$t_R$ Röhrchenwandstärke [m]

$v$ relative Flugkörpergeschwindigkeit [m/s]

$\Delta v_{ch}$ charakteristischer Antriebsbedarf [m/s]

$\Delta v_g$ Gravitationsverluste [m/s]

$\Delta v_{id}$ ideales Antriebsvermögen [m/s]

$\Delta v_{Isp}$ Impulsverlust durch Außendruck [m/s]

$\Delta v_{rot}$ Rotationsgewinn [m/s]

$\Delta v_W$ aerodynamische Widerstandsverluste [m/s]

$\Delta v_\alpha$ Lenkverluste [m/s]

$A$ aerodynamischer Auftrieb [N]

$A_0$ Boosterquerschnittsfläche [m$^2$]

$A_1$ Querschnittsfläche der Zentralstufe [m$^2$]

$C_{W0}$ aerodynamischer Nullwiderstand [N]

$F$ Triebwerksschub [kN]

$G$ Gravitationskraft [N]

$I_{sp}$ Spezifischer Impuls [s]

$I_{sp,pred}$ berechneter spezifischer Impuls [s]

$I_{sp,ODE}$ idealer spezifischer Impuls [s]

$K_c$ Brennkammerfaktor [-]

$K_D$ Düsenanpassungsfaktor [-]

$K_{Lot}$ Lötmaterialfaktor [-]

$K_{preb}$ Vorverbrennungsfaktor [-]

| | |
|---|---|
| $K_S$ | Bezugsflächenkorrekturfaktor [-] |
| $K_{TP}$ | Turbopumpenfaktor [-] |
| $M$ | Flugmachzahl [-] |
| $Q$ | aerodynamische Querkraft [N] |
| $\dot{Q}$ | Wärmestrom [W/m$^2$] |
| $S$ | aerodynamische Bezugsfläche [m$^2$] |
| $T$ | Temperatur [K] |
| $W$ | aerodynamischer Widerstand [N] |
| $\alpha$ | Schubrichtungswinkel [rad] |
| $\beta$ | Schubrichtungswinkel [rad] |
| $\delta$ | geographische Breite [rad] |
| $\varepsilon$ | Flächenverhältnis [-] |
| $\gamma$ | Flugbahnwinkel [rad] |
| $\gamma_g$ | Gravitationskonstante [m$^3$/(kg s$^2$)] |
| $\lambda$ | geographische Länge [rad] |
| $\mu$ | dynamische Viskosität [Ns/m$^2$] |
| $\eta_{comb}$ | Verbrennungswirkungsgrad [-] |
| $\eta_{div}$ | Divergenzwirkungsgrad [-] |
| $\eta_{er}$ | Energiefreisetzungswirkungsgrad [-] |
| $\eta_{grenz}$ | Grenzschichtwirkungsgrad [-] |
| $\eta_{hl}$ | Wärmeübergangswirkungsgrad [-] |
| $\varphi$ | wahre Anomalie [rad] |
| $\rho$ | Luftdichte [kg/m$^3$] |
| $\omega_E$ | Winkelgeschwindigkeit der Erdrotation [rad/s] |
| $\omega_p$ | Argument des Perigäums [rad] |
| $\kappa$ | Isentropenexponent [-] |
| $\chi$ | Azimut [rad] |
| $\Theta$ | Düsenwinkel [rad] |
| $\Omega$ | Rektaszension des aufsteigenden Knotens [rad] |
| $\Phi$ | Treibstoffmischungsverhältnis [–] |

## Indizes:

| | |
|---|---|
| aux | Hilfsgeräte |
| c | Brennkammerzustand |
| d | Düse |
| dump | Dumpkühlung |
| i | inertiale Bahngrößen |
| t | Düsenhals |
| tot | Totalwert |
| vac | Vakuumwert |
| BK | Brennkammer |
| BS | Brennschlußwert |
| E | Ausfahrdüse |
| GG | Gasgenerator |
| SL | Bodenwert |
| TP | Turbopumpe |
| TS | Treibstoff |
| 0 | Anfangswert |
| $\infty$ | Umgebungsbedingungen |

## Abkürzungen:

| | |
|---|---|
| IUS | Inertial Upper Stage |
| LEO | Low Earth Orbit |
| ODE | One Dimensional Equilibrium |
| SSME | Space Shuttle Main Engine |
| STME | Space Transportation Main Engine |

# 10 Literatur


[1] Ruppe, H.O.: *Die grenzenlose Dimension – Raumfahrt.* Band I + II. Econ, Düsseldorf / Wien, 1980/82

[2] Ruppe, H. O.: *Design Considerations for Future Space Launchers.* Acta Astronautica Vol. 29, No. 9, pp 705–722, Pergamon Press, Oxford, 1993

[3] N.N.: *Neue Raumtransportsysteme (NRT), Teil A: Vergleichende Konzeptuntersuchungen für senkrecht startende, geflügelte Systeme.* Technischer Endbericht, BMFT / IABG Auftrag Nr. WRT 8702 5, Dornier System GmbH, Friedrichshafen, 1987

[4] N.N.: *Neue Raumtransportsysteme (NRT), Teil C: Untersuchungen zu einem europäischen Raumfahrttransportsystem „European Advanced Rocket Launcher" (EARL).* Technischer Endbericht, BMFT / IABG Auftrag Nr. WRT 8713 4, Dornier System GmbH, Friedrichshafen, 1988

[5] N.N.: *Future Launching Systems, Feasibility Phase.* Final Report, ESA Contract No. 5103/82 - Rider 1, Aerospatiale, Les Mureaux, 1985

[6] N.N.: *Reusable Rocket Launchers RRL, Phase 1.* Final Report, Contract No. 7996/88/F/FL, Aerospatiale, Le Muraux, 1991

[7] Ruppe, H.O.: *Introduction to Astronautics.* Band I + II. Academic Press, New York / London, 1966

[8] Braitinger, M.; Ruppe, H.O.; Schmucker, R.H.: *Aspekte zur Leistungsvorhersage von chemischen Raketentriebwerken.* Lehrstuhl für Raumfahrttechnik, Technische Universität München, RT–TB 78/03, München, 1978

[9] Lösch, M.: *Ein Modell zur Massen- und Leistungsabschätzung von Flüssigkeitstriebwerken.* Lehrstuhl für Raumfahrttechnik, Technische Universität München, RT–TB 92/21, München, 1992

[10] Gordon, S.; McBride, B.J.: *Computer Program for Calculation of Complex Chemical Equilibrium Compositions, Rocket Performance, Incident and Reflected Shocks, and Chapman-Jouget Detonations.* NASA Lewis Research Center, NASA SP–273, 1976

[11] Dadieu, A.; Damm, R.; Schmidt, E.W.: *Raketentreibstoffe.* Springer, Wien / New York, 1968

[12] Sutton, G.P.: *Rocket Propulsion Elements.* 2nd Edition, John Wiley & Sons, New York, 1956

[13] Glomb, S.: *Modellierung von Flüssigkeitsraketentriebwerken für Raumfahrtträger.* Lehrstuhl für Raumfahrttechnik, Technische Universität München, RT–DA 90/06, München, 1990

[14] Glomb, S.: *Beiträge zur Modellierung von LOx / $LH_2$ Triebwerken.* Lehrstuhl für Raumfahrttechnik, Technische Universität München, RT–KB 90/01, München, 1990

[15] Schmucker, R.: *Hybridraketenantriebe.* Goldmann, München, 1972

[16] Rao, G.V.R.: *Exhaust Nozzle Contour for Optimum Thrust.* Jet Propulsion. Vol. 28, Nr. 6, pp 377–382, 1958

[17] Koelle, H.H.: *Handbook of Astronautical Engineering.* McGraw-Hill, New York / Toronto / London, 1961

[18] Prost, B.: *Daten zu chemischen Raketenantrieben.* Lehrstuhl für Raumfahrttechnik, Technische Universität Müchen, RT–SA 90/35, München, 1990

[19] Glatt, C.R.: *WAATS – A Computer Program for Weights Analysis of Advanced Transportation Systems.* NASA CR–2420, 1974

[20] Adacker J.: *Konstruktive Auslegung eines zweistufigen kryogenen Trägers.* Lehrstuhl für Raumfahrttechnik, Technische Universität München, RT–SA 90/20, München, 1990

[21] Rosin, O.: *Beiträge zur Massenmodellierung von Raumtransportsystemen.* Institut für Raumfahrtsysteme, Universität Stuttgart, 91–S10, Stuttgart, 1991

[22] Felber, R.: *Einige Beiträge zur Optimierung von chemischen Raketentriebwerken.* Lehrstuhl für Raumfahrttechnik, Technische Universität München, RT–DA 79/06, München, 1979

[23] Frankenbach, K.: *Einige Betrachtungen zur Gesamtleistungsanalyse von chemischen Antriebssystemen.* Lehrstuhl für Raumfahrttechnik, Technische Universität München, RT–SA 78/07, München, 1978

[24] Hofmann, G.: *Ein Programmsystem zur Massenabschätzung von Raumfahrtträgersystemen.* Lehrstuhl für Raumfahrttechnik, Technische Universität München, RT–DA 90/14, München, 1990

[25] Ruppe, H.O.: *Fundamentale Auslegungsgesichtspunkte für Träger von Raumfahrtnutzlasten.* Zeitschrift für Flugwissenschaften und Weltraumforschung. Bd. 18, Heft 5, S. 312–315, Springer, Berlin, 1985

[26] Wolf, D.M.: *Parametrische Bewertung der Auswahlkriterien von Raumtransportsystemen.* DLR–FB 91–01, Köln, 1991

[27] Schöttle, U.M.: *Flug- und Antriebsoptimierung luftatmender aerodynamischer Raumfahrtträger Institut für Raumfahrttsysteme.* Universität Stuttgart, Stuttgart, 1988

[28] Nagel, E., Reigber, Ch.: *Verwendung der Atmosphärenmodelle CIRA 65 und CIRA 72 in der Bahnbestimmung geodätischer Satelliten.* Forschungsbericht W 73–11 Weltraumforschung, Bundesministerium für Forschung und Technologie, 1973

[29] Gauckler, M.: *Aerodynamische Kennwerte von Raketenträgern.* Lehrstuhl für Raumfahrttechnik, Technische Universität München, RT–SA 93/22, München, 1993

[30] Langefeld, W.; Neuhäuser, H.-G.: *Untersuchungen über das Widerstandsverhalten längs angeströmter, gebündelter Rotationskörper im Geschwindigkeitsbereich Mach 1,5 – 4,0.* 4. Jahrestagung der DGLR, 11. – 13. Oktober 1971, Vortrags-Nr. 71–120, 1971

[31] Jänsch, C.; Schnepper, K.; Well, K.H.: *Ascent and Descent Trajectory Optimization of ARIANE 5 / Hermes.* AGARD Conference Proceedings No. 489, Space Vehicle Flight Mechanics, Neuilly sur Seine, 1990

[32] N.N.: *ARIANE 4 User's Manual.* Issue No. 1, Arianespace, Evry Cedex, 1983

[33] Lösch, M.: *Wärmestromuntersuchungen während des Aufstiegs vertikal startender Raumfahrtträgersysteme.* Lehrstuhl für Raumfahrttechnik, Technische Universität München, RT–TB 91/01, München, 1991

[34] Ehricke, K.A.: *Priciples of Guided Missile Design, Space Flight, I. Environment and Celestial Mechanics.* D. van Nostand Company, Princeton New Jersey / Toronto / New York / London, 1960

[35] Schlingloff, H.: *SKYNAV – A Design Tool for Space Launcher Analysis and Flight Performance Optimization.* Version 3.7. User Manual, München, 1993

[36] AZURA Studienteam: *Analyse zukünftiger Raumtransportsysteme.* IABG–Nr. B–TK–4013/01, Ottobrunn, 1990

[37] Jänsch, C.; Schnepper, K.; Well, K.H.; Kraft, D.: *ALTOS – Advanced Launcher Trajectory Optimization Software.* Technical Report TR1, ESA Contract No. 8046/88/NL/MAC, 1990

[38] Crues, E.Z.: *Software User Manual Part 1: UTG2PTG & The User Time Grid.* DLR Oberpfaffenhofen, 1990

[39] Jänsch,C.: *Software User Manual Part 2: TROPIC Optimization Program.* Issue No. 3, Deutsche Forschungsanstalt für Luft- und Raumfahrt, Institute for Flight System Dynamics, Oberpfaffenhofen, 1992

[40] Schnepper, K.: *PROMIS Software User Manual.* Issue No. 1, Deutsche Forschungsanstalt für Luft- und Raumfahrt, Institute for Flight System Dynamics, Oberpfaffenhofen, 1992

[41] N.N.: *ARIANE 5 User's Manual.* Issue No. 1, Arianespace, Evry Cedex, 1991

[42] N.N.: *Commercial DELTA II Payload Planners Guide.* McDonnell Douglas Commercial Delta Inc., 1990

[43] N.N.: *TITAN III Customer Handbook*. Martin Mariatta Commercial Titan Inc., Denver, 1987

[44] N.N.: *Mission Planner's Guide for the ATLAS Launch Vehicle Family*. Revision 3, General Dynamics Commercial Launch Services Inc., San Diego, 1992

[45] N.N.: *CENTAUR Mission Planners Guide*. Convair Aerospace Division of General Dynamics, San Diego, 1971

[46] Koelle, D.E.: *TRANSCOST Statistic-Analytical Model for Cost Estimation and Economic Optimization of Space Transportation Systems*. 1988 Edition, MBB-Report No. URV–180(88), 1988

[47] Koelle, D.E.: *Space Launch Systems Cost Estimation as Design Tool*. Space Course on Low Earth Orbit Transportation 1993, 40–1, Technische Universität München, 1993

[48] Reichert, G.B.; Drtil, A.; Burgmaier, A.; Heizmann, O.; Niederstedt, W.; Oppitz, L.; Uhl, W.: *Durchführbarkeitsstudie Hochenergetischer Europa-Träger im Baukastenprinzip*. Auftrag des Bundesministeriums für wissenschaftliche Forschung, Vertragsnummer RFT 1013, Dornier-System GmbH, Friedrichshafen, 1969.

[49] Isakowitz, S.J.: *International Reference Guide to Space Launch Systems*. 1991 Editon, AIAA, Washington, 1991

[50] Pfeffer, H.A.: Persönliche Korrespondenz. ESA Headquarter, Paris, 1992

[51] N.N.: *Leitkonzept SÄNGER – Referenz-Daten-Buch*. Ausgabe 1, Revision 2, März 1993

[52] Huzel, D.K.; Huang, D.H.: *Modern Engineering for Design of Liquid-Propellant Rocket Engines*. Progress in Astronautics and Aeronautics, Volume 147, AIAA, Washington, 1992

[53] Koelle, E.D.; Brodersen, H.; Arbeitlang, E.; Bohnhoff, K.; Kienlein, G.; Schweig, H.: *Ballistisches einstufiges wiederverwendbares Trägersystem BETA*. Durchführbarkeitsstudie, Bericht Nr. UR-V-025 (69), Messerschmitt-Bölkow-Blohm GmbH, Unternehmensbereich Raumfahrt, Ottobrunn, 1969

[54] Koelle, D.E.; Kleinau, W.: *The Single-Stage Reusable Ballisic Launcher Concept for Economic Cargo Transportation.* IAF–86–122, 37th Congress of the International Astronautical Federation, October 4-11, Innsbruck, 1986

[55] Colucci, F.: *Launching the DELTA CLIPPER.* SPACE, Vol. 7, No. 6, pp 17–19, The Shepard Press Ltd, Burnham, 1991

[56] Hoodless, R.M. Jr; Monk, J.C.; Cikanek, H.A. III: *National Launch System – Space Transportation Main Engine.* IAF–91–259, 42nd Congress of the International Astronautical Federation, October 5-11, Montreal, 1991

[57] Knacke, T.W.: *Parachute Recovery Systems – Design Manual.* 1st Ed. 1, Para Publishing, Santa Barabara, 1992

[58] Holsten, H.; Kollien, J.: *ARIANE 5 Upper Stage EPS.* Proceedings of the 2nd European Aerospace Conference on Progress in Soace Transportation. (ESA SP-293), May 22-24, Bonn-Bad Godesberg, 1989

[59] Ruppe, H.O.: *Gedanken zum einstufigen Raumtransporter.* Lehrstuhl für Raumfahrttechnik, Technische Universität München, Bericht KB-11, München, 1976

# Anhang

Tab. A.1: Massen von Feststofftriebwerken

| Trägersystem | Gesamtmasse [t] | Treibstoffmasse [t] | Trockenmasse [t] | Trockenmasse aus Modell [t] | Abweichung [%] |
|---|---|---|---|---|---|
| Argo D-8 | 0,276 | 0,216 | 0,060 | 0,044 | – 27,1 |
| Altair IIIA (Scout) | 0,322 | 0,273 | 0,049 | 0,054 | + 10,9 |
| Black Arrow | 0,345 | 0,303 | 0,042 | 0,060 | + 42,6 |
| Delta 303 | 0,718 | 0,654 | 0,064 | 0,125 | + 95,4 |
| Diamant B 3.S | 0,780 | 0,685 | 0,095 | 0,131 | + 37,7 |
| Blue Scout | 1,225 | 0,931 | 0,294 | 0,177 | – 40,0 |
| Delta 304 | 1,122 | 1,045 | 0,077 | 0,198 | + 156,8 |
| Antares IIIA (Scout) | 1,637 | 1,285 | 0,352 | 0,242 | – 31,2 |
| H 1 3.S | 2,200 | 1,900 | 0,300 | 0,357 | + 18,9 |
| Diamant B 2.S | 3,000 | 2,300 | 0,700 | 0,431 | – 38,4 |
| M-3B | 3,590 | 3,280 | 0,310 | 0,613 | + 97,8 |
| Blue Scout Jun. | 4,355 | 3,310 | 1,045 | 0,619 | – 40,8 |
| Castor IIA (Scout) | 4,819 | 3,718 | 1,101 | 0,694 | – 36,9 |
| Castor II (H-1) | 4,480 | 3,733 | 0,747 | 0,697 | – 6,7 |
| SB-735 | 5,000 | 4,000 | 1,000 | 0,747 | – 25,2 |
| Ariane 3 | 9,700 | 7,350 | 2,300 | 1,369 | – 40,5 |
| Blue Scout I | 10,705 | 8,655 | 2,050 | 1,611 | – 21,4 |
| Ariane 4 (PAP) | 12,600 | 9,500 | 3,100 | 1,768 | – 43,0 |
| Thiokol TX 526-2 | 11,000 | 9,700 | 1,300 | 1,805 | + 38,9 |
| Thiokol TX 33-52 | 12,500 | 9,900 | 2,600 | 1,842 | – 29,1 |
| M-34 | 11,000 | 10,000 | 1,000 | 1,861 | + 86,1 |
| Castor IVA | 11,700 | 10,100 | 1,600 | 1,880 | + 17,5 |
| M-23 | 13,100 | 10,400 | 2,700 | 1,935 | – 28,3 |
| Scout Strap-On | 12,600 | 10,756 | 1,835 | 2,001 | + 9,1 |
| GEM | 13,000 | 11,700 | 1,300 | 2,176 | + 67,4 |
| Algol IIIA (Scout) | 14,735 | 12,702 | 2,033 | 2,362 | + 16,2 |
| M-13 | 34,700 | 27,100 | 7,600 | 5,026 | – 33,9 |
| M-24 | 33,600 | 30,000 | 3,600 | 5,561 | + 54,4 |
| H 2 | 70,150 | 59,200 | 10,950 | 10,927 | – 0,3 |
| M-14 | 80,700 | 70,000 | 10,700 | 12,890 | + 20,5 |
| SRM (Titan III) | 247,000 | 210,000 | 37,000 | 37,787 | + 2,1 |
| Ariane 5 (P230) | 265,000 | 230,000 | 35,000 | 41,251 | + 17,9 |
| SRM (Titan IV) | 317,000 | 273,000 | 44,000 | 48,622 | + 10,5 |
| US Shuttle SRB | 590,000 | 502,000 | 88,000 | 86,243 | – 2,0 |

Tab. A.2: Schubgerüstmassen

| Trägersystem | Stufe | Triebwerke | Schub (gesamt) [kN] | max. Krafteinleitung [kN] | Schubgerüstmasse | | |
|---|---|---|---|---|---|---|---|
| | | | | | [kg] | aus Modell [kg] | Abweichung [%] |
| Ariane | L 33 | 1 × Viking 4B (805 kN) | 805 | 805 | 258 | 174 | – 32,5 |
| H-I | 1. Stufe | 1 × MB-3 (756 kN)<br>6 × Castor 2 (220 kN) | 2076 | 1977 | 550 | 585 | + 6,4 |
| Ariane 1 | L 140 | 4 × Viking 5B (752 kN) | 3008 | 3008 | 1600 | 1238 | – 22,[illegible] |
| H-II | 1. Stufe | 1 × LE-7 (1080 kN)<br>2 × Feststoff (1560 kN) | 4200 | 3685 | 1400 | 1785 | + 27,5 |
| Ariane 3 | L 140 | 4 × Viking 5B (752 kN)<br>2 × P 7 (720 kN) | 4448 | 4340 | 2330 | 2380 | + 2,2 |
| Ariane 44L | L 220 | 4 × Viking 5B (752 kN)<br>4 × Viking 6 (752 kN) | 6016 | 5322 | 3470 | 3354 | – 3,3 |
| Saturn 5 | S-I C | 5 × F 1 (7600 kN) | 38000 | 38000 | 24000 | 24002 | 0,0 |

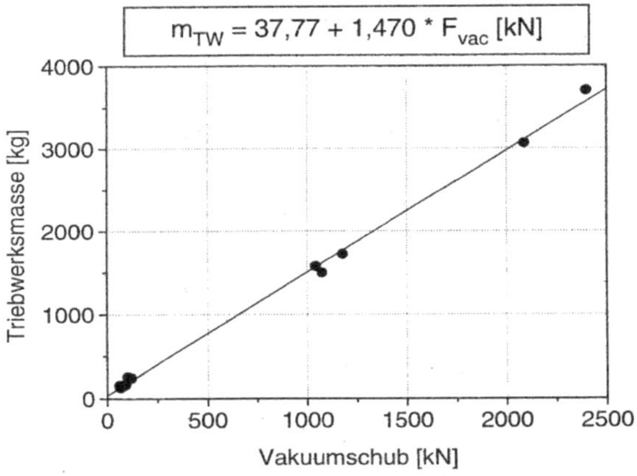


Abb. A.1: Einfaches Modell zur Abschätzung von Triebwerksmassen anhand realisierter Geräte

Tab. A.3: Strukturmassen für kryogene Treibstoffkombination

| Trägersystem | Stufe | Massen [t] | | | | | | Abweichung [%] |
|---|---|---|---|---|---|---|---|---|
| | | Treibstoff | Trocken | Triebwerk | Schubgerüst | Struktur | Trocken aus Modell | |
| Ariane | H 8 | 8,305 | 1,142 | 0,149 | 0,094 * | 0,899 | 1,499 | + 66,8 |
| CZ-3 | 3. Stufe | 8,500 | 2,000 | 0,942 | 0,095 * | 0,963 | 1,517 | + 62,0 |
| H-1 | 2. Stufe | 8,800 | 1,800 | 0,700 | 0,100 * | 1,000 | 1,543 | + 54,3 |
| Ariane | H 10 | 10,735 | 1,181 | 0,155 | 0,097 * | 0,929 | 1,712 | + 84,3 |
| Atlas 1 | Centaur 3E | 13,790 | 1,610 | 0,130 | 0,106 * | 1,374 | 1,971 | + 43,4 |
| Atlas 2 | Centaur 3E | 16,700 | 2,100 | 0,130 | 0,106 * | 1,864 | 2,211 | + 18,6 |
| H-2 | 2. Stufe | 16,700 | 2,800 | 0,255 | 0,103 * | 2,442 | 2,211 | − 9,4 |
| Saturn 1 | S IV | 45,000 | 6,100 | 0,552 | 0,152 * | 5,396 | 4,371 | − 19,0 |
| Energia | EUS | 70,000 | 7,000 | 0,185 ** | 0,100 * | 6,715 | 6,133 | − 8,7 |
| H-2 | 1. Stufe | 86,200 | 11,800 | 1,720 | 1,400 | 8,680 | 7,232 | − 16,7 |
| Saturn 1 | S IV B | 106,050 | 9,950 | 1,580 | 0,306 * | 8,064 | 8,545 | + 6,0 |
| Saturn 5 | S IV B | 107,750 | 9,500 | 1,540 | 0,298 * | 7,662 | 8,656 | + 13,0 |
| Ariane 5 | H 155 | 155,000 | 15,000 | 1,300 | 6,540 * | 7,160 | 11,663 | + 62,9 |
| Saturn 5 | S II | 427,291 | 37,600 | 7,890 | 2,907 * | 26,803 | 27,387 | + 2,2 |
| US Shuttle | Außentank | 705,801 | 37,452 | — | — | 37,452 | 42,016 | + 12,2 |
| Energia | Zentralstufe | 820,000 | 85,000 | 11,688 ** | 21,849 * | 51,463 | 47,754 | − 7,2 |

* Über Ansatz für Schubgerüst ermittelt
** Nach Abb. A.1 abgeschätzt

Tab. A.4: Strukturmassen für halbkryogene Treibstoffkombination

| Trägersystem | Stufe | Massen [t] | | | | | | Abweichung |
|---|---|---|---|---|---|---|---|---|
| | | Treibstoff | Trocken | Triebwerk | Schubgerüst | Struktur | Trocken aus Modell | [% |
| Energia | RCS | 15,000 | 2,000 | 0,151 ** | 0,098 * | 1,751 | 0,948 | – 45,[illegible] |
| Soyuz | 2. Stufe | 21,400 | 2,900 | 0,073 ** | 0,094 * | 2,733 | 1,148 | – 58,[illegible] |
| Vostok | Booster | 39,200 | 3,550 | 1,155 | 0,338 * | 2,057 | 1,844 | – 10,[illegible] |
| N-1 | 1. Stufe | 66,530 | 3,500 | 0,920 | 0,435 * | 2,145 | 3,178 | + 48,[illegible] |
| Delta 3xxx | 1. Stufe | 79,700 | 7,990 | 0,900 | 1,824 * | 5,266 | 3,897 | – 26,[illegible] |
| Zenit | 2. Stufe | 80,600 | 9,300 | 0,170 ** | 0,278 * | 8,852 | 3,948 | – 55,4 |
| H-1 | 1. Stufe | 81,400 | 4,020 | 1,030 | 0,550 | 2,440 | 3,993 | + 77,9 |
| N-2 | 1. Stufe | 81,900 | 4,500 | 0,920 | 0,648 * | 2,932 | 4,021 | + 37,1 |
| Europa 1 | Blue Streak | 87,720 | 6,440 | 1,360 | 0,224 * | 4,856 | 4,352 | – 10,4 |
| Vostok | Zentralstufe | 95,400 | 7,900 | 1,250 | 2,271 * | 4,379 | 4,797 | + 9,5 |
| Delta 7925 | 1. Stufe | 96,000 | 5,900 | 0,900 | 1,909 * | 3,091 | 4,832 | + 56,3 |
| Delta 6925 | 1. Stufe | 96,100 | 5,600 | 0,900 | 1,824 * | 2,876 | 4,838 | + 68,2 |
| Atlas E | 1. Stufe | 112,900 | 8,100 | 1,893 | 0,678 * | 5,529 | 5,840 | + 5,6 |
| Atlas I | 1. Stufe | 138,300 | 7,400 | 1,893 | 0,678 * | 4,829 | 7,397 | + 53,2 |
| Atlas II | 1. Stufe | 155,900 | 9,800 | 1,893 | 0,678 * | 7,229 | 8,491 | + 17,5 |
| Zenit | 1. Stufe | 318,800 | 33,900 | 9,750 | 5,147 * | 19,003 | 18,238 | – 4,0 |
| Energia | Booster | 320,000 | 35,000 | 9,750 | 5,143 * | 20,107 | 18,305 | – 9,0 |
| Saturn 1B | S I-B | 412,300 | 38,350 | 6,900 | 4,644 * | 26,806 | 23,162 | – 13,6 |
| Saturn 5 | S I-C | 2018,000 | 131,090 | 42,220 | 24,000 | 64,870 | 65,012 | + 0,2 |

* Über Ansatz für Schubgerüst ermittelt
** Nach Abb. A.1 abgeschätzt

Tab. A.5: Strukturmassen für lagerfähige Treibstoffkombination

| Träger-system | Stufe | Massen [t] | | | | | | Abwei-chung |
|---|---|---|---|---|---|---|---|---|
| | | Treibstoff | Trocken | Triebwerk | Schubgerüst | Struktur | Trocken aus Modell | [%] |
| elta | 2. Stufe | 6,076 | 0,921 | 0,117 | 0,095 * | 0,709 | 0,733 | + 3,4 |
| tlas | Agena | 6,123 | 0,900 | 0,125 | 0,096 * | 0,679 | 0,734 | + 8,1 |
| riane 5 | L 7 | 7,200 | 0,930 | 0,078 ** | 0,094 * | 0,758 | 0,755 | − 0,4 |
| itan III | Transtage | 10,380 | 2,252 | 0,098 | 0,095 * | 2,059 | 0,826 | − 59,9 |
| riane | L 33 | 33,237 | 3,489 | 0,910 | 0,258 | 2,321 | 1,591 | − 31,4 |
| itan III | 2. Stufe | 35,100 | 2,900 | 0,570 | 0,167 * | 2,163 | 1,668 | − 42,5 |
| riane 4 | PAL | 39,000 | 4,500 | 0,826 | 0,095 * | 3,579 | 1,835 | − 48,7 |
| oton | 3. Stufe | 50,000 | 5,600 | 0,920 ** | 0,204 * | 4,476 | 2,340 | − 47,7 |
| itan III | 1. Stufe | 134,000 | 7,000 | 1,740 | 1,033 * | 4,227 | 7,131 | + 68,4 |
| riane | L 140 | 147,670 | 13,635 | 3,367 | 1,600 | 8,668 | 7,979 | − 8,0 |
| oton | 2. Stufe | 150,000 | 15,600 | 3,679 ** | 1,027 * | 10,894 | 8,124 | − 25,4 |
| riane 4 | L 220 | 233,000 | 17,900 | 3,300 | 3,470 | 11,130 | 13,253 | + 19,1 |
| oton | 1. Stufe | 410,200 | 45,400 | 7,680 | 6,704 * | 31,016 | 23,048 | − 25,7 |

* Über Ansatz für Schubgerüst ermittelt
** Nach Abb. A.1 abgeschätzt

Tab. A.6: Zwischenstufenmassen

| Trägersystem | Element | Masse oberhalb [t] | Höhe [m] | Struktur-masse [kg] | Masse / Meter [kg/m] | Masse / Meter aus Modell [kg/m] | Abwei-chung [%] |
|---|---|---|---|---|---|---|---|
| Ariane 1 | Zwischenstufe 2 - 3 | 10,6 | 2,80 | 371 | 132,5 | 109,8 | – 17,1 |
| CZ-3 | Zwischenstufe 2 - 3 | 12,0 | 2,30 | 100 | 43,5 | 111,4 | + 156,1 |
| F 1 | Zwischenstufe 2 - 3 | 12,0 | 2,70 | 260 | 96,3 | 111,4 | + 15,7 |
| Ariane 3 | Zwischenstufe 2 - 3 | 14,7 | 2,80 | 380 | 135,7 | 114,9 | – 15,3 |
| Ariane 3 | Obere Schürze L 33 | 15,2 | 1,25 | 210 | 168,0 | 115,6 | – 31,2 |
| H-I | Zwischenstufe 1 - 2 | 16,0 | 3,53 | 380 | 107,6 | 116,8 | + 8,5 |
| Ariane 4 | Zwischenstufe 2 - 3 | 18,0 | 2,80 | 382 | 136,4 | 120,0 | – 12,1 |
| Atlas | Zwischenstufe 1 - 2 | 21,0 | 3,96 | 471 | 118,9 | 125,2 | + 5,3 |
| Atlas-Centaur | Zwischenstufe | 23,5 | 3,96 | 387 | 97,7 | 130,0 | + 33,0 |
| H-II | Zwischenstufe 1 - 2 | 28,4 | 7,00 | 1200 | 171,4 | 140,2 | – 18,2 |
| Ariane 1 | Zwischenstufe 1 - 2 | 49,3 | 3,31 | 545 | 164,7 | 190,0 | + 15,4 |
| Ariane 3 | Untere Schürze L 33 | 54,0 | 1,57 | 380 | 242,0 | 201,5 | – 16,8 |
| Ariane 3 | Zwischenstufe 1 - 2 | 54,4 | 3,31 | 545 | 164,7 | 202,4 | + 22,9 |
| Ariane 3 | Obere Schürze L 140 | 55,1 | 1,50 | 310 | 206,7 | 204,1 | – 1,2 |
| Proton | Zwischenstufe 1 - 2 | 72,0 | 4,00 | 1000 | 250,0 | 243,6 | – 2,6 |
| Ariane 3 | Intertank L 140 | 132,5 | 2,67 | 835 | 312,7 | 356,3 | + 13,9 |
| Saturn 1 | Zwischenstufe 1 - 2 | 135,0 | 7,90 | 2950 | 373,4 | 360,1 | – 3,6 |
| Saturn 1B | Zwischenstufe 1 - 2 | 146,0 | 5,78 | 2360 | 408,3 | 376,2 | – 7,9 |
| Saturn 5 | Zwischenstufe 2 - 3 | 240,0 | 5,78 | 2800 | 484,4 | 482,8 | – 0,3 |
| Saturn 5 | Zwischenstufe 1 - 2 | 715,0 | 5,56 | 4030 | 724,8 | 728,2 | + 0,5 |
| Saturn 5 | Intertank S-I C | 2160,0 | 6,63 | 6500 | 980,4 | 979,9 | 0,0 |

Tab. A.7: Bauhöhen von Triebwerken

| Triebwerk | Schub (Vakuum) [kN] | Bauhöhe [m] | Bauhöhe aus Modell [m] | Abweichung [%] |
|---|---|---|---|---|
| HM 7A | 61,6 | 1,81 | 1,99 | + 10,1 |
| HM 7B | 62,2 | 2,01 | 2,00 | – 0,7 |
| RL–10 A-3-3 | 67,0 | 1,78 | 2,01 | + 13,1 |
| RL–10 A-3-3A | 73,4 | 1,78 | 2,04 | + 14,5 |
| RL–10 A-4 | 92,5 | 2,23 | 2,10 | – 5,8 |
| LE 5 | 103,0 | 2,67 | 2,13 | – 20,1 |
| H 20 | 197,8 | 2,62 | 2,36 | – 9,9 |
| MA 5 (Sustainer) | 269,2 | 2,46 | 2,49 | + 1,3 |
| LR-91-AJ-11 | 467,0 | 2,81 | 2,77 | – 1,5 |
| Viking 5C | 752,0 | 2,87 | 3,06 | + 6,7 |
| RD 108 | 941,0 | 3,00 | 3,22 | + 7,4 |
| RD 107 | 1000,0 | 3,00 | 3,27 | + 8,9 |
| H-1 | 1022,0 | 3,40 | 3,28 | – 3,4 |
| RS-27 | 1032,0 | 3,61 | 3,29 | – 8,9 |
| J 2 | 1044,0 | 3,38 | 3,30 | – 2,4 |
| HM 60 | 1075,0 | 3,00 | 3,32 | + 10,7 |
| J-2S | 1180,0 | 3,38 | 3,40 | + 0,5 |
| LE 7 | 1180,0 | 3,40 | 3,40 | – 0,1 |
| MA 5 (Booster) | 1882,0 | 3,40 | 3,81 | + 12,0 |
| RD 0120 | 1962,0 | 4,55 | 3,85 | – 15,5 |
| SSME | 2090,0 | 4,27 | 3,91 | – 8,4 |
| LR-87-AJ-11 | 2437,5 | 3,84 | 4,07 | + 5,9 |
| F-1 | 7748,0 | 5,59 | 5,58 | – 0,2 |

Tab. A.8: Ausrüstungsabteilmassen (VEB)

| Trägersystem | Startmasse des Trägers [t] | Masse VEB [t] | Masse VEB aus Modell [t] | Abweichung [%] |
|---|---|---|---|---|
| Atlas-Centaur | 137,0 | 190,0 | 177,4 | – 6,6 |
| Ariane 2 | 219,0 | 320,0 | 285,6 | – 10,8 |
| Ariane 3 | 230,0 | 276,0 | 300,6 | + 8,9 |
| Ariane 4 | 470,0 | 526,0 | 624,3 | + 18,7 |
| Ariane 5 | 710,0 | 1200,0 | 915,4 | – 23,7 |
| Saturn 5 | 2800,0 | 2350,0 | 2361,3 | + 0,5 |

Tab. A.9: Nutzlastadaptermasse

| Trägersystem | Nutzlast [kg] | Adaptermasse [kg] | Adaptermasse aus Modell [kg] | Abweichung [%] |
|---|---|---|---|---|
| Scout EG | 100 | 2,4 | 4,2 | + 73,8 |
| Delta 2030 | 168 | 11,3 | 5,8 | – 48,4 |
| Scout 200E | 290 | 5,2 | 9,4 | + 80,1 |
| Scout 25E | 290 | 6,1 | 9,4 | + 53,5 |
| Delta 2512 | 318 | 14,9 | 10,2 | – 31,1 |
| Delta 0908 | 363 | 6,8 | 11,6 | + 71,3 |
| Delta 1809 | 544 | 10,0 | 17,6 | + 74,6 |
| Delta 5414 | 544 | 27,0 | 17,6 | – 35,4 |
| Delta 3731 | 636 | 25,4 | 20,4 | – 19,8 |
| Delta 3731A | 954 | 27,7 | 29,9 | + 8,1 |
| Delta 3740 | 954 | 29,3 | 29,9 | + 2,2 |
| Delta 5724 | 1134 | 38,0 | 34,9 | – 8,2 |
| H1 (3 Stufen) | 1250 | 29,0 | 37,9 | + 30,7 |
| H1 (2 Stufen) | 1500 | 50,0 | 43,9 | – 12,1 |
| Delta 6019 | 2177 | 57,0 | 57,7 | + 1,2 |

Tab. A.10: Nutzlastverkleidungsmasse

| Trägersystem | $h_{gesamt}$ | $h_{Zylinder}$ | ∅ | Volumen | Masse | Masse aus Modell | Abweichung |
|---|---|---|---|---|---|---|---|
| | [m] | [m] | [m] | [m³] | [kg] | [kg] | [%] |
| Pegasus | 4,42 | 2,97 | 1,27 | 4,37 | 110 | 217 | + 97,0 |
| N 1 | 5,70 | 3,11 | 1,65 | 8,50 | 260 | 297 | + 14,3 |
| Atlas (∅ 7 ft) | 6,86 | 5,16 | 2,14 | 20,60 | 735 | 489 | − 33,4 |
| H 1 | 7,91 | 4,63 | 2,44 | 26,76 | 600 | 574 | − 4,3 |
| N 2 | 7,90 | 6,00 | 2,44 | 31,02 | 600 | 630 | + 5,0 |
| Titan II | 7,62 | 5,09 | 3,05 | 43,35 | 750 | 780 | + 4,0 |
| Ariane 3 | 8,65 | 4,00 | 3,20 | 44,64 | 856 | 795 | − 7,1 |
| Delta (∅ 9,5 ft) | 8,47 | 5,60 | 2,90 | 43,31 | 841 | 780 | − 7,3 |
| Delta (∅ 10 ft) | 7,92 | 5,48 | 3,05 | 45,98 | 1000 | 811 | − 18,9 |
| Ariane 4 Typ 01 | 8,60 | 4,00 | 4,00 | 69,53 | 760 | 1063 | + 39,9 |
| Ariane 4 Typ 02 | 9,60 | 5,00 | 4,00 | 82,10 | 815 | 1187 | + 45,7 |
| Ariane 4 Typ 03 | 11,12 | 6,52 | 4,00 | 101,20 | 890 | 1365 | + 53,3 |
| Atlas lang | 13,22 | 5,25 | 4,20 | 109,54 | 1856 | 1438 | − 22,5 |
| H-II | 12,00 | 7,60 | 4,07 | 117,96 | 1200 | 1511 | + 25,9 |
| Titan III | 13,00 | 8,10 | 4,00 | 122,31 | 2268 | 1548 | − 31,7 |
| Ariane 5 Typ 01 | 11,55 | 5,55 | 5,40 | 172,91 | 1900 | 1949 | + 2,6 |
| Ariane 5 Typ 02 | 18,05 | 12,00 | 5,40 | 321,01 | 2900 | 2921 | + 0,7 |

FSC
www.fsc.org
MIX
Papier | Fördert gute Waldnutzung
FSC® C083411

Kolibri 360 GmbH
Ferdinand-Jühlke-Straße 7
99095 Erfurt, Deutschland
produktsicherheit@kolibri360.de